今、ラジオ全盛期。

静かな熱狂を生む
コンテンツ戦略

ニッポン放送「オールナイトニッポン」
統括プロデューサー
冨山雄一
Tomiyama Yuichi

クロスメディア・パブリッシング

cultivate

［動］他【耕して育てる】

1 〈土地を〉耕す、開拓［開墾］する

1a 〈作物・植物などを〉育てる、栽培する、〈水産物を〉養殖する、《生物》〈微生物などを〉培養する

2 〈人・心を〉養う、鍛える、育てる、〈才・技術などを〉培う、〈態度などを〉作り上げる：〈産業・科学などを〉育成する、興す

2a 〈人間関係を〉はぐくむ、築く：〈人と〉きずなを結ぶ

3 〈新しい市場・顧客を〉開拓する、掘り起こす

——小学館『プログレッシブ英和中辞典』

プロローグ

なぜラジオのイベントに16万人が集まったのか？

2024年2月18日。

この日、僕は朝から東京ドームにいました。

開場とともに、スタンド席へと流れていく人、人、人。この日のために全国から集まった人々の期待と興奮が入り混じった波動のようなものが、ビリビリと頬に伝わってくるようでした。

手元のスマホの画面に流れるタイムラインには、「#オードリーANN東京ドーム」の文字。

お笑いコンビ、オードリーの若林正恭さんと春日俊彰さんの2人がパーソナリティを務める「オードリーのオールナイトニッポン」の放送15周年を記念して企

PROLOGUE

画されたスペシャルイベントが、いよいよ始まろうとしていました。

開演の時刻を迎えるころには、5万3000人入る東京ドームはほぼ満員に。普段は野球の選手たちがいるベンチから球場全体をぐるりと見た360度、すべて人で埋め尽くされた光景は壮観でした。ここにいる一人ひとり、全員がラジオリスナーなのかと思うと、信じられない気持ちになりました。

「再生数」などの数字やSNS上の「コメント」で、ラジオを聴いているリスナーの存在には毎日毎時触れているつもりでしたが、こうやってリアルな姿、「生身の存在」としてのリスナーが1カ所に、しかも5万3000人も集まったなんて——。自分のラジオ人生を振り返ると、胸に迫るものがあったのです。

音楽のボリュームが徐々に上がると、歓声も一段と大きくなりました。同時に湧き上がったのは歓喜の拍手。5万人超が手を叩く音のうねりの迫力は、感じたことのないものでした。

いつもは電波を通じてパーソナリティとつながっているリスナーの一人ひとりが、同じ場所で同じ時を分かち合う。初めて会うのに、みんながつながっている——。不思議な連帯感が、会場の熱気をぐんぐんと高めていました。

ドームに集まった5万3000人だけではありません。全国47都道府県の映画館200館などで開催されたライブビューイングに集まった5万2000人、さらにオンライン配信で視聴した5万5000人を合わせると、なんと16万人がリアルタイムで参加したことになります。

ほんの数年前まで、ラジオ番組のイベントといえば、100人ほどのリスナーを無料招待する公開収録が定番でした。

そんな過去の〝常識〟と照らし合わせると、アリーナ席1万2000円、一番リーズナブルな「ステージ裏体感席」でも7500円と決して安くない有料イベントをあの東京ドームで開催し、全国で16万人も動員してしまうとは、数年前には想像もできないことでした。

イベントを応援してくださったスポンサー企業も11社に及び、そのほとんどが普段の番組からスポンサーとしてついてくださっている企業でした。

パーソナリティと、リスナーと、スポンサーと、スタッフと。1つのラジオ番組を核につながった人たちのパワーが最高の形で混ざり合って、これだけのイベントが生まれたという事実。

まさに今の時代のラジオだから起こせたことだと思います。

PROLOGUE

大げさでなく、この日の光景は20年前の自分にとっては「奇跡」そのものでした。

当時、所属していたNHKラジオ第1放送で担当していたのは「土曜の夜はケータイ短歌」という若者へ向けたバラエティ番組でした。若いリスナーにもっと番組を聴いてもらいたいと、渋谷の街角で先輩と2人、100円ショップで買ったAMラジオ受信機を配りながら、「10代の皆さん、ぜひラジオを聴いてみてくださいい！」と必死に呼びかけていました。それほど、ラジオは〝誰にも聴かれていなかった〟のです。

タダでもらえるというのに素通りする人がほとんどで、受け取ってくれた優しい人のなかにも音楽プレイヤーのiPodだと勘違いしてガッカリする人もいたりして……。絶望と焦燥に沈んでいたあの頃の自分に、目の前に広がる5万3000人の光景を見せてあげたいと思いました。

僕ひとりの力でできたことは、たかが知れています。東京ドームで果たした役割も、そこに関わるたくさんのスタッフの1人に過ぎません。本書に登場する人たちだけではなく、ラジオを愛し、深く考えている人はたくさんいます。さまざまな事情で番組を離れた人もいます。

多くの仲間や応援してくださる方々に恵まれ、たまたま僕はラジオの奇跡的な転換期に、最前線で立ち会うことができました。東京ドームの光景を目撃できた幸運に感謝しながら、僕にはこの20年にわたるラジオの記録を残す義務があると感じ、この本を書こうと決めました。

最初に読者の皆さんに伝えておきたいのは、これから書くことは僕の成功談ではないということです。ラジオの衰退から転機、そして復活から全盛に至るわずか20年ほどの歴史のなかで、ラジオ局のいちスタッフとして目撃してきた事実、そして失敗のたびに学んできたエピソードの積み重ねです。

なぜラジオのイベントに16万人が集まったのか？

「すごいイベントだったのだろう」「ファンづくりが上手いに違いない」——そんな単純な言葉で片づけられたくはありません。

たとえるなら、昔のラジオは荒れた土地でした。この20年、パーソナリティ、リスナー、スポンサー、スタッフが一緒になって、ラジオという土地を耕しました。それが畑となり、みんなで撒いた種に水をやり、日が当たり、やがて芽が出て花や実をつける。収穫の時期を迎え、それが終わると、再び種を撒く。この繰り返しの中で、ラジオは奇跡の復活を遂げました。

ラジオは**「耕す（カルティベイト）」**です。それが具体的に何を意味するかを、本書で詳細に書き尽くしました。

第1章は、2000年代にラジオが**「衰退」**していた〝どん底〟ともいえる時期に、僕がラジオ局で仕事を始めてから見た光景や、そもそもラジオがどのように作られているのかを学んだエピソードが書かれています。

第2章は、2011年の東日本大震災をきっかけにラジオという存在価値がいかに変わったのか、**「転機」**におけるラジオ番組のいちスタッフの実体験です。パーソナリティとリスナーの間に生まれる絆、苦境だからこそ生まれた新たな試みについて記しました。

第3章は、ラジオ番組の配信プラットフォーム「radiko（ラジコ）」が始まり、「SNS」と「イベント」が合わさることで**「復活」**を遂げるラジオのダイナミクスを取り上げました。現在の進化したラジオの原型はこの時期にほぼ完成されたといっても過言ではありません。

第4章は、2020年春先から世界を襲った「コロナ」という逆境の中で、ラジオが苦しみながらも創意工夫で新たなスタイルを獲得し、現在のラジオ**「全盛」**

期を迎えるに至った経緯を書きました。オールナイトニッポンのプロデューサーとしての視点、学びを詰め込みました。

なお、プロローグ冒頭の「オードリーのオールナイトニッポン in 東京ドーム」に至った軌跡は、この本の最後であるエピローグに書きました。「耕す（カルティベイト）」という**「ラジオのコンテンツ戦略」**にとって、僕が最も重要だと考えている3つのポイント「素の良さを生かす」「関係性を耕す」「じっくりと待つ」の詳細もそこにあります。

ラジオのイベントが16万人を集められた「答え」だけを知りたい人は、エピローグだけを読んでください。

でも、「答え」だけを知りたい人には、そもそもラジオから学べることがないかもしれません。

ラジオには「答え」はありません。現在の主流であるショート動画やテキスト要約など、時間効率がよい「タイパ」「コスパ」とはまったく逆のコンテンツです。パーソナリティは長い時間をかけて語り、リスナーは長い時間をかけて聴く。馴染みのない人にとっては「無駄だ」「つまらない」と感じる時間もあるかもしれない。でも、それが不思議と心地いい。

PROLOGUE

流行りの「推し活」が学べるわけでもありません。もちろんＳＮＳで発信する、何かあればすぐに駆けつけてくれるリスナーも多くいますが、独りで静かに聴いて楽しむだけのリスナーもたくさんいます。いわば「サイレントマジョリティー（発言をしない多数派）」のような存在がラジオ番組を支えています。だからこそ、アイドルのファンダムが巻き起こすような熱狂とは異なる、ラジオならではの**「静かな熱狂」**と僕は呼ぶようにしています。

ラジオが奇跡的な復活を遂げた20年から、ビジネスパーソンは何を学べるのか？ラジオには「答え」はないかもしれませんが、たくさんの人を魅了する「学び」が詰まっています。少なくとも僕自身は、ラジオからたくさんのことを学んできました。そして、コンテンツ業界に関わる人はもちろんのこと、ラジオの復活を追体験することで「自分の業界だったら、どうだろうか？」と、きっとインスピレーションが湧いてくるはずです。

難しい言葉は使わないように気をつけました。一つひとつのエピソードは、ラジオのエピソードトークのようになるべく完結するように書きました。どうか「ながら聴き」をするときのような気楽さで、気になるところから読んでみてください。

はじめに

遅ればせながら、僕は冨山雄一と申します。

２０１８年４月からニッポン放送「オールナイトニッポン」全体のプロデューサーを務めています（２０２５年１月現在）。

この数年で、２０２４年10月に放送開始から58年目に入った「オールナイトニッポン」が若者に愛される番組として復活を遂げたことがメディアで取り上げられることも多くなり、それに合わせて僕自身も取材やセミナーに呼ばれ、ラジオ業界について聞かれることが多くなりました。

そんなとき、僕は**「21世紀に入って、今、若者がいちばんラジオを聴いています」**とキャッチコピーのように話しています。

衰退していた２０００年代、ラジオという文化は若者のなかでは廃れてしまっ

はじめに

ていて、リスナーは絶滅危惧種ぐらいに減ってしまいました。

それが今や、初めて会う仕事関係者やプライベートで会った人、とりわけ若い人から「ラジオ聴いています」「××のオールナイトニッポン好きです」と言われる機会が増え、肌感覚ではありますが10倍どころか100倍ぐらい言われるようになった印象です。

一時期、オールナイトニッポンの協賛スポンサーも数社まで落ち込む時期があり、オールナイトニッポン伝統の「××のオールナイトニッポン、この番組は、〈協賛社名〉、以上各社の協賛で東京千代田区有楽町ニッポン放送をキーステーションに全国36局ネットでお送りしました」という後クレジットに、協賛社名がまったく入らないことさえありました。

それが今は、**年間で70社以上のスポンサー**についていただいており、見事なV字回復を成し遂げました。ラジオ最盛期と呼ばれた1980年代のスポンサー数を上回る状況です。

オールナイトニッポンは、2023年2月に放送開始55周年を記念した「オールナイトニッポン55時間スペシャル」という大型特番を放送しました。オールナイトニッポンの歴代パーソナリティが次々と28組も登場し、2日半ずっとオールナイトニッポンを放送するというものです。さらに、2024年2月には、プロローグで紹介した「オードリーのオールナイトニッポンin東京ドーム」を行い、かつてない盛り上がりになっています。

そんなオールナイトニッポンで生放送番組を制作する時の最小のユニットは、パーソナリティ、ディレクター、AD、ミキサー、メイン作家、サブ作家。詳しくは後述しますが、基本的にはそれぞれ1人ずつ、**たった6人で番組づくり**が行われています。

たった6人で作るラジオ番組が東京ドームでイベントをやり、16万人もの観客を集める。「どうやって?」と思われる人もいらっしゃるかもしれませんが、これがラジオです。

ラジオはこの20年、デジタル化のアップデートを経て、大きな進化を遂げました。再び全盛期を迎えることができたラジオは、もしかしたらDX（デジタルトランスフォーメーション）の優等生なのかもしれません。

「たかがラジオの話」と思われる人もいらっしゃるかもしれませんが、流行り廃

はじめに

り激しいコンテンツ業界。ラジオの中でも58年続く「オールナイトニッポン」の作り方には、何らかのビジネスのヒントがあるかもしれません。

　どんな記事を読むよりも、どんなセミナーに参加するよりも、ラジオ、オールナイトニッポンの直近20年についてがわかる1冊です。よろしければ、最後まで読んでいただけると幸いです。

目次

CHAPTER 2

「東日本大震災」でラジオの存在価値は変わった

――2010年代前半の「転機」

CHAPTER 3

「SNS」と「イベント」がラジオを身近な存在にした
――2010年代後半の「復活」

CHAPTER 4

「コロナ禍」の逆境がラジオを強くした
――2020年代の「全盛」

装幀　新井大輔
装画　長場雄
編集協力　宮本恵理子

CHAPTER 1

ラジオは風前の灯火だった

―― 2000年代の「衰退」

ラジオ番組は分業でつくる

ラジオを聴いたことはあっても、どのように作っているかを読者の皆さんはご存じないかもしれません。この場を借りて最初にレクチャーさせてください。

パーソナリティ、ディレクター、AD、ミキサー、メイン作家、サブ作家。「はじめに」に書いたように、これがニッポン放送でオールナイトニッポンの生放送を制作する時の最小のユニットです。

〈ラジオスタッフの役割〉

パーソナリティ……番組のしゃべり手です。AMのラジオ番組はパーソナリティ名が入る番組がほとんどなので文字通り「番組の顔」となって番組の最初から最後までしゃべります。パーソナリティの方の本業やさまざまな活動のスケジュールとも密接に番組は連動していきます。パーソナリティという言い方は、1960年代にアメリカから入ってきた用語のようです。パーソナリティという言い方は、オールナイトニッポンでは1967年の番組開始当初、ディスクジョッキーの略称の「DJ」と称していましたが、1969年頃には「パーソナリティ」と名乗るようになったそうです。

ディレクター……ディレクター卓に座って、生放送の進行をしていきます。Qシートと呼ばれる番組の設計図が書かれたタイムテーブルを作り、全体の構成、ジングル（CMの前後に挿入される短い音楽）を打ったり、番組で紹介する曲やコーナーで使う効果音やBGMを決めたりと、いわゆる番組全体を作っていく立場。事前準備としては、放送作家さんと打ち合わせをして番組の中身や方向性を決めるほか、ゲストのブッキングや営業案件の調整なども行います。文字通り、番組の司令塔です。

AD……生放送で使う曲やBGMなど素材の準備やディレクターのフォロー全般が仕事です。Qシートや原稿のコピーをしたり、ケータリングの準備をしたりいわゆる雑用全般をこなします。生放送中に、急遽流すことになった曲を探してCDルームに走る！　なんてこともよくありますし、時にADが番組の出演者となって、番組を盛り上げる役割になるなど、本当になんでも屋というイメージです。

ミキサー……マイクの音やCMの送出などをミキシングし、パーソナリティと阿吽の呼吸でエコーの効果を入れたりする、まさに職人気質な仕事です。ディレクターやADが生放送中、ドタバタいろんな作業をしていても、1人冷静沈着に放送が確実にできているかを見守っているスタジオの守護神のような存在です。

メイン作家……放送前に番組に合う台本を書くのが大きな仕事ですが、生放送中も忙しく動きます。スタジオの中に入って、トークに合わせて笑い声で盛り上げたり、必要なタイミングでパーソナリティにサッとメモを出したり。CM中もスタジオの中で同席しているので、ディレクター以上にパーソナリティの相談相手になる役割です。メイン作家の存在は、番組の色を作っていく存在であり、この作家さんが担当する番組なら絶対に聴きたいと言ってくれるリスナーがいてくれるほど重要です。メイン作家は、ハガキ職人（ハガキやメールによる熱心な投稿を通じて、番組を一緒に盛り上げてくださるリスナーの総称）上がりの人も多いので、番組への理解度や解像度が高く、パーソナリティの信頼も厚いです。

サブ作家……サブ作家の大きな仕事は、リスナーから届くメールの整理と準備です。生放送中はスタジオには入らず、副調整室にあるPCの前にいます。ラジオは、リスナーからのメール（昔はハガキでした）を読み上げながら作る双方向性のあるメディアです。どんなメールを選ぶかどうかが、その日の放送の面白さを左右するという点で重要です。サブ作家は、メールのあら選びをするほか、生放送中にかける電話の事前連絡なども担当します。サブ作家もハガキ職人からなる人も多いです。

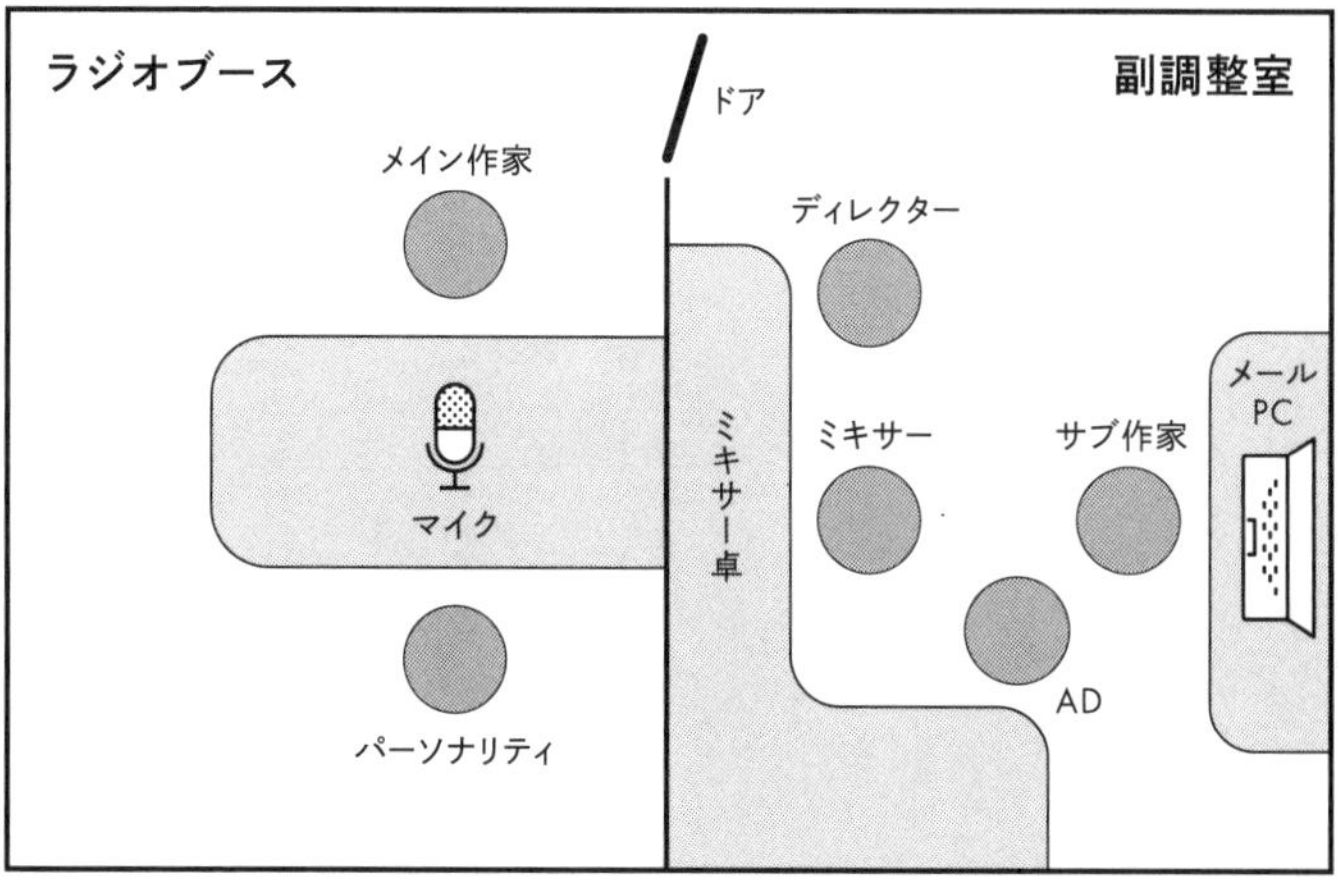

このように、番組を作っていく上では誰か1人が全てを背負うのではなく、ディレクターが全体を見ながらそれぞれのスペシャリストに仕事を担ってもらうというスタイル。これがニッポン放送の番組作りの特徴です。

華やかな世界の裏で、忍び寄る衰退の波

「オールナイトニッポン」は、ニッポン放送で深夜25時から生放送でお送りしているラジオ番組です。1967年（昭和42）年10月2日にスタートした若者向けの深夜放送で、2024年10月で放送開始から58年目に入りました。

初めは、ニッポン放送のアナウンサーがパーソナリティを務め、深夜放送の一大ブームが巻き起こりました。その後70年代半ばからは、吉田拓郎さんや南こうせつさん、イルカさんといったシンガーソングライターの方々がパーソナリティになってリスナーの幅がさらに広がっていきました。

1980年代には、ビートたけしさん、とんねるず、中島みゆきさんほか、その時代を彩るさまざまなジャンルのパーソナリティが登場し、最盛期を迎えました。

1990年代には、今もパーソナリティを務めるナインティナインのオールナイトニッポンがスタート。その後もお笑い芸人、アーティスト、俳優、文化人など、さまざまなカルチャーを持つパーソナリティが担当してきました。

番組のテーマ曲は、「ビタースウィート・サンバ」。日本で暮らす人なら1回は聴い

CHAPTER 1

ラジオは風前の灯火だった──2000年代の「衰退」

たこともあるラジオ番組だと思います。僕も中学生・高校生だった１９９０年代に深夜ラジオの魅力に魅了され、いつかオールナイトニッポンのディレクターになりたいと夢を持っていました。

大学を卒業して初めて就職した先はＮＨＫでした。３年ほどＮＨＫにディレクターとして勤めていたのですが、どうしても「ラジオ番組」とりわけ「オールナイトニッポン」という番組に関わりたくて、一念発起して２００７年２月にニッポン放送へ転職しました。

そんな夢を持って、ニッポン放送に転職してきた２００７年、当時のＡＭラジオ業界の雰囲気はどうだったかといえば、ラジオ局の中はキラキラしていました。ニッポン放送に入社したばかりの頃は特に活気があり、ナインティナインやくりぃむしちゅー、福山雅治さんといった錚々たる人気芸人さんやタレントやアーティストの方々が、代わる代わるニッポン放送の社内にあるスタジオにいらしては生放送をしていました。

まるで毎晩、文化祭やらお祭りが開かれているような賑やかさ、華やかさ。レコード会社のプロモーターさんや芸能プロダクションの人たちが引っきりなしにフロアに訪れ、ディレクターや放送作家と何やら雑談をしている。深夜の生放送が終われば、連れ立って銀座に繰り出し、コリドー街に飲みに出かける。というテレビ番組で見るような、いかにも〝ザ・業界〟という空気感に満ち溢れていました。こうした空気感は、生放送の現場ならではだと思います。

その一方で、当時の深夜27時～29時の放送枠（現在の「オールナイトニッポン0（ZERO）」）では、「オールナイトニッポンエバーグリーン」という事前収録によるシニア向けの音楽を中心とした番組を放送していました。「オールナイトニッポン」のレジェンドパーソナリティ、斉藤アンコーさんがシニア向けに話す、NHKラジオ第1の名物番組「ラジオ深夜便」に近いイメージです。かつては「若者向け」を標榜していた「オールナイトニッポン」も、ラジオの聴取層がだんだんと高齢化していく流れの中で、「若者向け」から「シニア向け」へとシフトチェンジしていたわけです。

ただ、これには経費削減の目的もありました。単純に、深夜27時からの生放送を維持する制作費がないという実情があったのです。

僕がラジオ業界に入ったタイミングはまさに転換期だったと感じます。華やかな世界が広がっている一方で、ひたひたとラジオ業界の衰退の波は押し寄せていました。

長引く不況の中で企業がメディアに出稿する広告費は縮小するばかり。決定的だったのは、2008年のリーマン・ショックです。スポンサーの数は目に見えて減り、それに伴い、経費削減の波が容赦なく押し寄せてきました。真っ先に経費削減の対象となったのは、番組を作る制作費でした。

パーソナリティ用に出ていたお弁当やケータリングが廃止になり、夜の時間帯を手伝ってくれていた学生バイトさんや派遣の方がいなくなり……。人手が足りないので、台本のコピー作業や出演者用のドリンク手配や番組で使うようなちょっとした小道具の買い出しなどを、ディレクターとADが手分けして準備しなくてはならなくなりました。

生放送スタジオが毎晩にぎわう華やかさと、業界として徐々に縮小しつつある息苦しさが背中合わせになっていた2007年。僕はある危機感を強めていました。

「このままだとラジオの文化が消えてしまうのではないか……!」

そもそもＡＭラジオが届かない

ラジオの衰退の原因として、一番切実だったのは「ハード面」の問題でした。公共性のあるマスメディアであるはずなのに、「ＡＭラジオが聴こえない」「ラジオを聴くことができない」という物理的な問題があったのです。

ニッポン放送は、東京都・埼玉県・千葉県・神奈川県を中心に、関東一円を放送エリアとした、中波放送（ＡＭラジオ放送）事業を行っている放送事業者です。朝から夕方までは、首都圏のリスナーに向けて、放送をお送りしています。朝なら家事をする台所や仕事に向かう準備をしながら、家の中でラジオを聴いてくれていることでしょう。通勤や移動中のカーラジオで聴いている人も多いです。

夕方以降は、ラジオのプロ野球中継である「ニッポン放送ショウアップナイター」で野球中継を楽しんでいる人が多いです。また夜22時以降は全国の放送局に向けて、オールナイトニッポンなどをお届けしています。オールナイトニッポンは、全国36局ネットですが、これはニッポン放送で制作している番組を全国にある35のラジオ局が同時に放送してくれていることになります。なので、ニッポン放送はＡＭラジオで日々の放送を楽しんでくれるリスナーに向けて、ラジオ番組を作っているのです。

そのニッポン放送のＡＭラジオが２０００年代には、都内や埼玉県では聴こえづらい状況となってしまいました。

その理由を説明するために、少しだけ専門的な話をします。

ニッポン放送のＡＭ電波を送出する電波塔は、千葉県の木更津市に設置されています。これを首都圏のリスナーは周波数１２４２ｋＨｚに合わせて、ラジオを聴くのですが、都内や埼玉方面では、雑音が多くて、聴く気になりません。これは単純に、高層ビルにブロックされたり、急増するさまざまな電子機器から発せられるノイズなどの影響で木更津からの電波が入りにくい状況になっていたからです。

こうした物理的な環境要因によって、ニッポン放送は、千葉県や神奈川県、そして静岡県東部だとクリアに聴こえる一方で、都内では聴こえづらい放送局になっていました。

入社した後にこの事実を知ったときは、正直、ショックでした。番組を一生懸命作っていても、人口が最も多い都内のリスナーに物理的に届かないなんて……。

ＴＢＳラジオや文化放送、ＴＯＫＹＯ ＦＭ、Ｊ-ＷＡＶＥといったライバル局と聴取率の競争をしていても、そもそも各局の電波塔の条件によって「クリアに聴こえるエリア/聴こえにくいエリア」という不平等な状況で争っているというのは、非常に不毛な感じでモヤモヤが募りました。本来ならば、同じ条件下で、番組の中身で勝負したいのに、そうではない状況にジレンマを抱える日々だったのです。

たとえば、数字のジレンマ。当時のラジオの聴取率の調査は、東京駅を基点に35キロ圏内に居住する方々にランダムに調査票を送って、どの番組を聴いたかを記入してもらう形式でした。

しかしながら、東京駅から35キロ圏内でニッポン放送を良好に聴くことができるエリアの大半は、なんと「東京湾の海の上」なのです。局内で先輩アナウンサーと「自分たちの放送は東京湾のプランクトンに向けて放送してるんだよ」と自虐的に嘆いたことを覚えています。それほど自分たちがつくっている放送がどこに届いているのかわからない不安にかられていました。

当時の自虐を振り返るとあらためて、radiko（ラジコ）の登場によって、首都圏エリアの15のラジオ局が横一線で聴けることになったことは、画期的な出来事でした。

ネットに飲み込まれたラジオ的なもの

都内に電波が届きにくいという問題はニッポン放送固有の問題でしたが、同時に、業界全体で共通する大きな問題も深刻さを増していました。

それが、そもそも「ラジオを聴く」という生活文化の衰退です。

1925年に日本でのラジオ放送が始まって以来、日本の各家庭には少なくとも1台はラジオの受信機がある、ラジオを聴いているという文化・習慣がありました。

僕の実家でも、朝には母親が家事をしながらTBSラジオの「大沢悠里のゆうゆうワイド」を聴いていましたし、父親がお風呂に入りながら防水ラジオでプロ野球中継「ニッポン放送ショウアップナイター」を聴いているというのが日常でした。僕自身も、中学1年生の時に、入浴中に父親の防水ラジオをチューニングして聴いてみたのが〝初ラジオ体験〟でした（ちなみに番組は文化放送の「ツインビーPARADISE2」）。

おそらく僕のような1990年代に思春期を過ごした人は、「ラジカセ」に親しんだ思い出があるのではないでしょうか。ラジカセ、CDコンポやカセットテープレコーダーといったあの頃の音楽再生機器には必ずラジオの機能が付いてきました。CDコンポにもMDコンポにもラジオの機能はついていたので、「ラジオを聴こうと思えばいつでも聴ける」という生活風景がありました。

居間や台所に「一家に一台」しかなかったラジオが、ラジカセやコンポの中の機能として搭載されたことで、ラジオは「中高生が自室で楽しむ」メディアへと進化していったのです。こうしたハード面の環境変化が、冒頭に述べた80年代頃の「ラジオの最盛期」を作ったといえるでしょう。90年代もそういった意味で、ラジオ文化はまだ若者たちの中にあったと言えます。


ところが、最盛期は永遠には続きませんでした。

2001年にアップルから販売開始され、瞬く間に日本の若者の心をわしづかみにした音楽プレイヤー「iPod」には、ラジオの機能はついていなかったのです。これによって若者とラジオの接点は、ほぼなくなってしまったと思います。

先に述べた難聴取の問題などの要因も相まって、ラジオのメディアとして価値はみるみる低下し、家や車でラジオを聴く機会が激減していきました。ラジオの衰退は、2000年代に入って一気に加速したと思います（あくまで個人的な感覚です）。

そして決定的だったのが、「インターネットの台頭」です。

CHAPTER 1

ラジオは風前の灯火だった——2000年代の「衰退」

「ウィンドウズ95」のリリースを機にパソコンからインターネットをつないで楽しむ人が増え、1999年にはNTTドコモの「i-モード」がサービスを開始して、「着メロ」や「待ち受け（画面）」がブームに。2000年代後半にはスマートフォンの登場によって、ネット上にあるあらゆるコンテンツを気軽に（しかも、その大半が無料で）、誰でも楽しめる世界へと変わりました。

1990年代に若者カルチャーを担っていたテレビ、ラジオ、雑誌などは、2000年代には完全にインターネットに塗り替えられたといって過言ではないでしょう。

僕自身、高校生だったのが1997年〜2000年。大学生が2000年〜2004年だったので、当事者として既存の価値観がインターネットによって壊されていくのを体感していました。

特に僕がラジオ業界に入った2007年に立ち上がった「ニコニコ動画」のインパクトはものすごいものがありました。今までは深夜のテレビやラジオ、雑誌などが担っていたサブカルチャーやアンダーグラウンドな雰囲気。まだメジャーではないアーティストやタレントの今でいう「推し」の連帯。そんな〝ラジオ的〟なものをニコニコ動画が飲み込んでいきました。

オールナイトニッポンには、「メジャーになる前のアーティストや売れる前のタレントを、いち早くラジオが見つけて世の中に発信する」という独特の文化がありました。たとえば、まだ世の中に見つかっていなかったタモリさんをいち早くオールナイトニッポンで起用し、その後「笑っていいとも!」で国民的な〝お昼の顔〟になっていったという逸話も残っています。

しかし、その〝才能発掘〟の役割もすっかりニコニコ動画に取って替わられてしまった。個人的にも、残念な気持ちに浸ったことを覚えています。

ただ、よくよく考えてみれば、先に述べたように、かつて若者向けの生放送で才能発掘を担っていた深夜27時からのオールナイトニッポン2部は、2007年の時点ですでにシニア向けの録音放送に方針転換していたのだから、当然の結果だと言えるのかもしれません。

優秀なつくり手は次々とネットへ転職

「人の流出」も目に見えて増えました。

若い人たちが急速にニコニコ動画に吸い寄せられていく中、一緒に仕事をしているディレクターや放送作家の人たちが、ラジオ番組からニコニコ生放送に主戦場を変えていきました。

ラジオの制作現場が次々と縮小していき、ディレクターや作家さんの関わる人数が減っていく中で、ニコニコ動画の潤沢な制作費とこれから新しい文化をつくっていこうという勢いのある空気は外から見ていてとにかく眩しく映りました。

入社わずか3年でオールナイトニッポンのチーフディレクターに就任した優秀な同僚が、制作部から他の部署へ異動したのをきっかけにニッポン放送を退職し、ドワンゴに転職して、最前線で活躍する姿も見てきました。

たしかにニコニコ生放送を「画のついたラジオの生放送」と考えると、作り方や仕組みはラジオ番組に非常に近いものだったと思います。加えて、リアルタイムで視聴者が書き込むコメントの弾幕（画面にコメントが流れる文字）は、今のＳＮＳでの実況と同様の盛り上げ役となっていました。

ラジオ制作の経験者が、新たなキャリアの可能性を求めてニコニコ生放送へとフィールドを変えるのは、ごく自然の流れだったと思います。


このように、いくつもの環境要因によって外の世界はどんどん変化し、ラジオ業界の内側は最盛期の風景とはまったく違うものになっていました。

しかし、それでもオールナイトニッポンの毎晩の生放送の現場は、パーソナリティも番組スタッフも、それまでと変わらぬ熱量で「その日の放送がどう面白くなるのか」を一生懸命に考えながら番組を作る日々を重ねていました。

ただ、その放送が実際にどこまで届いているのかはわからない——。まるで暗闇にボールを投げるような感覚で、夢中になって仕事をしながらも迷っていました。

とりわけ複雑な思いにかられたのは、2カ月に1回やってくる「スペシャルウィーク」の期間です。スペシャルウィークとは、ラジオ各局の聴取率を一斉に調べる期間のことで、この期間の聴取率がテレビでいう「視聴率」のように各局の〝成績〟として比較されます。

ゆえに、各局はスペシャルウィークには豪華ゲストを呼んだり、豪華プレゼントを

CHAPTER 1

ラジオは風前の灯火だった――2000年代の「衰退」

企画したりと、少しでも数字を上げようと気合いを入れまくるというわけです（それだと本当の評価と言えないのでは……というご指摘はごもっともですが、業界の慣習として続いているのが事実ですし、ニッポン放送はお祭り好きの放送局で「スペシャルウィーク」は、この会社の文化に非常にマッチしていると考えています）。

特に当時はプロ野球シーズンの4月・6月・8月には、2週間にわたってスペシャルウィークを開催していたので、とにかく社内はお祭り騒ぎでした。広告費を使って、新聞広告を打って、折込チラシを入れて……。社内にはさまざまな装飾がされ、大いに盛り上がり、作っていて楽しい期間でもありました。しかし、会社の外に一歩出ると、果たしてどれだけの人が聴いているのか、まったく見えてこない。まさに五里霧中のような感覚でした。

放送自体は作っていてものすごく楽しく、大好きなラジオの制作現場に浸りながら、充実した日々の中に僕はいました。けれどこのままだと衰退するばかりで、いつしか消えてしまうメディアなのだという危機感を漠然と抱いていました。

今思えば、2007年の入社から数年は、2005年にライブドア（当時）による、ニッポン放送株取得の一連の事件の余波が残っていたり、番組パーソナリティの発言を巡る問題が起こったり、リーマン・ショックによるラジオ広告への大打撃、そしてAMラジオの聴取環境の悪化と、ソフト面（番組）、ハード面（聴き方）、そして収益面（広告）のすべてが先行き不透明な状況でした。

NHKラジオとニッポン放送の「ラジオのつくり方」

僕はニッポン放送に転職する前のNHKにいた時代から、ラジオを作る仕事に携わっていました。

2004年4月にNHKに入局して、配属された部署が渋谷にあるラジオセンターというAMラジオの「NHKラジオ第1」を作る部署でした。この部署でラジオの報道番組を1年、ラジオのバラエティー番組を1年の計2年ほど、ディレクター業務とAD（アシスタントディレクター）業務を半々担当した後、新潟放送局に転勤し、テレビディレクターとして業務にあたることになりました。

テレビの仕事をするうちに10代の頃から親しんできた「オールナイトニッポン」にどうしても関わりたい、やはりラジオの仕事がしたいという気持ちが膨らんで転職に至ったというわけです。

初めてラジオの現場に入ったときは、新鮮な驚きがありました。リスナーとしてラジオ番組を聴いていた経験はありましたが、実際にNHKラジオとニッポン放送でラジオの制作現場に入ってみると、想像していた世界とは違う世界が広がっていたからです。

リスナーとして楽しんでいるときには、ラジオのスタッフは「番組に立ち会って、楽しく笑っているだけ」という印象でしたが、実際の生放送の現場は常に脳みそも体もフル回転で動き続ける、想像以上に緊張感のある世界でした。

また、同じラジオでもＮＨＫラジオとニッポン放送では、作り方のスタイルがまるで違いました。

ＮＨＫラジオのやり方は「じっくり作る」。

たとえば、ＮＨＫラジオの2年目で担当した「土曜の夜はケータイ短歌」という土曜日の夜に放送する1時間の番組は、デスクの先輩と同僚の女性ディレクターとの3人で作っていました。放送作家さんはいないので、自分たちで台本を書いて、全国から届く短歌の下読みや雑用など、とにかく3人でやるのです。3人のパワーで週に1本、1時間の番組をなんとか作り上げていました。

対して、ニッポン放送のやり方は、「とにかく作る」。

転職して最初にびっくりしたのが担当する番組の〝数〟でした。1年目で夜の時間帯を担当していた頃の担当番組をざっと並べてみると、「東貴博のヤンピース」（火曜日・水曜日の生放送ＡＤ）、「ミューコミ」（月曜日・木曜日の生放送ＡＤ）、「オールナイトニッポン有楽町音楽室」（金曜日の生放送ディレクター）、「ポルノグラフィティ岡野昭仁のオールナイトニッポン」（土曜日の生放送ディレクター）、「ＫＡＴ－ＴＵＮスタイル」（月～金10分の録音番組のディレクター）、「ラジオドラマBitterSweetCafe」（月～木の週替わりのラジオドラマのＡＤ）。週6日生放送があり、帯のベルト（同時間帯で連日放送すること）の録音番組が2つあり、これに加えて特番も入ってくるという状況でした。並べるだけで、目が回りそうです。

なぜ物理的にこの番組数がこなせるかといえば、制作のスタイルが先ほどもお伝えしたような「完全分業制」になっているからです。

「常に当事者でいろ」先人の教え

テレビ業界と同様に、ラジオ業界の現場も、最初はADからスタートします。テレビのADが激務ということはよく知られていますが、ラジオ現場のADもやはり激務ではありました。しかし、それと同時にディレクターになるための学びが数多くありました。

2007年2月にニッポン放送に転職した僕は、入社後の研修を終えてすぐにAD業務に入りました。まず驚いたのが、とにかく関わる人数の多さでした。同時に実感したのが「コミュニケーションの重要性」です。

テレビと比べて少人数で作るイメージが世間一般にも広がっているラジオですが、月〜金の午前帯のワイド番組などになると、ディレクターや作家さんは日替わりでいるので、チーフディレクター1人、ディレクター4人、AD5人、メイン作家5人、サブ作家5人、ミキサー5人などの大所帯になったりします。となれば、全員の名前を覚える、それぞれの生放送の感覚や仕事のスタイルを覚えることが必須となり、自然とコミュニケーションをより重視するようになりました。

生放送での中途半端な仕事は放送事故のもと。「CDをセットした」「録音素材をセットした」などの声出しは、誰が聞いてもわかるようにハッキリとやっていました。

当時のディレクターから教わったことはたくさんありますが、中でも心に残っているのは、「どの立場からでも、どうやったら番組が面白くなるかを考えて追求するのがラジオ。究極のサービス業だ」という言葉です。

パーソナリティやリスナーがどうしたら喜んでくれるか、楽しんでもらえるか、盛り上がってもらえるかを、自分が置かれた立場から常に考え続けろと。

まだ勉強中のADという立場であったとしても、自分が用意したBGMや効果音で番組が今まで以上に盛り上がるかもしれないし、ディレクターや作家さんが見落としているトピックスで番組が盛り上がるかもしれない。「常に当事者でいろ」という教えは、僕の指針のひとつとなりました。

同じ「AD」という立場でも、ディレクターから指示されたことを黙々とこなす作業屋になるのか、番組を少しでも面白くしようと仕掛けるマインドを持つ制作者でいるのか。この意識の違いだけで、番組へのかかわり方、番組の理解度が大きく変わるのだというアドバイスには、番組全体を総括する立場となった今、あらためて深く共感できます。

ヤンキー先生で知った「ラジオの原点」

ラジオ番組は、テレビやネット動画に比べて、圧倒的に生放送の比率が高く、それがラジオの〝強み〟になっています。

事前に収録してから放送するのと比べて、深夜の生放送は人件費や深夜タクシー代などでコストが2〜3倍かかります。それでもやっぱりオールナイトニッポンは生放送にこだわりたいという気持ちが強くあります。

やはりパーソナリティとリスナーが同じ時間に集う連帯感、このリアルタイム性と番組を通して生まれる1対1の双方向コミュニケーションだからこそ生まれるものを、僕は作っていきたいのだと思います。

この思いには、ちょっとした原体験があります。僕がNHKを辞めて、ニッポン放送に転職した理由にもつながる出来事です。

中高生のころからラジオが好きだった僕ですが、マスメディアを志望したのは高校生の頃です。そうした中で気持ちが固まったのは、大学生の頃、小学生の子どもたちと一緒にキャンプに行ったり、イベントを行うボランティア団体を運営していた経験とつながっています。元気がなく、ふさぎ込んでいた子どもが、僕たちと校庭遊びやキャンプの時間を過ごす中で、明るさを取り戻して学校生活も楽しめるようになる。そんな変化を目の当たりにする中で、「こんな風に、もっと多くの子どもたちにテレビやラジオを通じて夢を与えられる仕事がしたい」と考えたのです。

ＮＨＫに入局してから2年ほど、ラジオ番組の制作にディレクターとして携わった後、僕は人事異動で新潟放送局に移りました。テレビディレクターとして、テレビ番組の制作経験を積むためです（新人を地方局で修業させるのは、ＮＨＫや新聞社の一般的な育成法です）。

新潟に移って間もないころ、子どもが自殺するという痛ましい事件が全国的に起きており、新潟県内でも子どもによる自殺が起こってしまいました。新潟放送局でも報道記者を中心に学校関係者や教育委員会、いじめの加害者や被害者家族を丹念に取材し、ニュース番組で取り上げたり、検証する番組を作っていました。番組を見てくださった方がきっと何かを感じ、何かが変わるかもしれないと願いながらだと思います。

でも実際にどれほどの効果があったのか、目に見える手ごたえをつかむことはなかなか難しく、テレビディレクターとして駆け出しの自分は、必死に取材する記者やディレクターの姿を見ながら、どこか悶々としていました。

そんなある日曜の深夜、ラジオをつけると「ヤンキー先生」の声が聴こえてきました。新潟でしたが深夜だとＡＭラジオの電波が届きやすくなるので、ニッポン放送の電波をかろうじて拾っていたのだと思います。

ヤンキー先生とは、現在は教育評論家で政治家としても活動されている義家弘介さんのこと。高校時代に担任の先生と衝突したことをきっかけに道を踏み外しかけるも、周りの熱心な大人たちの働きかけとご自身の強い精神によって人生を立て直し、その経験を生かして教育者になった方です。

当時、義家先生はニッポン放送で毎週日曜日深夜0時から「ヤンキー先生！ 義家弘介の夢は逃げていかない」という番組のパーソナリティを務めていて、悩めるティーンエイジャーと生放送で電話をつないでは人生相談に乗っていました。

当時の僕は、平日は取材や編集に飛び回って忙しく、なかなかラジオを聴く余裕がなかったのですが、週末には時々ラジオを聴けたのです。たまたま聴けたその夜も、ひとりの男の子が義家先生と電話をつないで悩みを打ち明けていました。

「いじめられて、もう学校に行きたくないんです」という相談に対して、僕はてっきり義家先生は優しく寄り添いの言葉をかけるものかと思っていました。ところが、義家先生はまったく逆の反応で、「何言っているんだ！ 負けんなよ！」と熱っぽく説教を始めたのです。

叱るだけにとどまらず、60分ほどじっくりとその子と真剣に向き合って言葉を交わすやりとりが続きました。そして番組の最後に、相談を寄せてきた男の子が「ずっと死のうと思っていたけれど、義家先生の声を聴いて、死ぬのをやめようと思いました」と。僕は衝撃でしばらく動けなくなってしまいました。

テレビであまねく多くの人たちにいじめの問題を訴えることも大切です。でも、こうやって目の前でひとりを救えるメディアもある——それがラジオだ。

どちらが優れているということではありませんが、自分はどっちを作りたいのかと自問自答した結果、導き出した答えは「ラジオ」でした。

その答えが見つかってから、いてもたってもいられず、ニッポン放送の中途採用に応募したという経緯です。

あのとき、義家先生がひとりの子どもの人生に全身全霊で向き合う姿に、僕だけでなく多くのリスナーがリアルタイムに立ち会っていました。その息づかいをすぐ近くに感じながら、まるで同じ空間にいるかのような気持ちで見守っていたのではないかと思います。

そんな体験ができるのは、やはり「生放送」だから。それも、パーソナリティの声をすぐ近くで感じられる「ラジオの生放送」だからなのだと僕は思います。どんなに苦境でも生放送にこだわりたかった原点はここにある気がします。

ニッポン放送に入社して最初に研修としてＡＤについた番組は、なんと義家先生の番組でした。偶然というより、面接で僕の入社動機を知った番組プロデューサーの粋な計らいによるものでしたが、必死に仕事を覚えながら、「聴く側」から「作る側」へ移った感慨をかみしめていました。

「だからできない」ではなく「どうすればできるか」

ラジオ業界はテレビ業界と比べると、人数も少ないし、予算もない、だから全部を自分たちでやらなくてはならないと言われています。

こう表現するとネガティブに感じられますが、見方を変えれば「誰かに頼ることなく、自分たちですべてやることができる」ということ。そんな発想の転換が生む面白さを、先輩ディレクターに教わった出来事がありました。

2007年の入社1年目、僕は「BitterSweetCafe」というラジオドラマの番組を担当していました。月～木曜に各10分ずつ、4話完結の書きおろしのラジオドラマでした。

僕はADとして番組につき、平日に声優さんのナレーション・朗読を収録し、日曜日にディレクターさんとBGMや効果音を入れる完パケと呼ばれる作業を行っていました。このときのラジオドラマのディレクターさんが、番組制作会社・メガハウスの勝島康一さんでした（僕はラジオドラマ制作の第一人者だと思っています）。TOKYO FM

の「あ、安部礼司」をはじめ数々のラジオドラマで賞を受賞されている経験豊富な大先輩です。

完パケ作業に臨む前にはCDルームでドラマ中に使うBGMや効果音を探して準備をするのが僕の仕事なのですが、ある日、どうしても「女性がスーツケースを押して歩く」という動作を表現する効果音が見つからず、四苦八苦していました。「もうBGMでごまかしてしてしまおうかな……」と僕が妥協しかけていたとき、勝島さんから「よし、録音機材を持って外へ行くぞ」という指示が。いったいどうしようというのかわけもわからず外に出てみると、勝島さんが言うのです。

「これから録音をするから、お前がハイヒールを履いて、スーツケースを転がしてくれ」

面喰らいましたが、言われた通りにハイヒールを履き、スーツケースを転がして歩いて、その音を録音しました。スタジオに戻り、録った音をラジオドラマのナレーションに合わせてみると……ドンピシャでした。それはそうです。リアルな音なのですから、しっくりくるに決まっています。

CDルームに籠って音を探すことしか考えていなかったことが恥ずかしい気持ちになりましたが、同時に僕は爽快な気分を味わっていました。

そうか、「ないもの」は作ってしまえばいいんだ——。

シンプルですが、ものすごく勉強になりましたし、その後さまざまな番組を作っていくうえで欠かせない「しなやかな発想力」を鍛えてもらった体験として深く刻まれました。

鶴瓶師匠に教わった「流れに乗っかる面白さ」

ほかにも、AD時代には勉強になる経験がたくさんありました。「ラジオだからこそできるスピード感のある番組作り」に挑む姿勢を学んだことも、そのひとつです。

今も日曜日の夕方16時から放送している「笑福亭鶴瓶 日曜日のそれ」というラジオ番組があります。当時は、鶴瓶師匠が出演している木曜日の「笑っていいとも！」放送終了後の午後に収録していました。

僕はこの番組にわずか3カ月ほどですが、ADとしてついていたのですが、その短い期間に、ラジオならではの〝ノリ〟を重視した企画の魅力を肌身で知る出来事がありました。

当時、番組のコーナーのひとつに「日本を明るくするニュース」を紹介する企画がありました。鶴瓶師匠が面白がってくれそうなニュースを番組スタッフが用意して、感想を話してもらうという人気コーナーでした。

ある日、用意したニュースは「男子大学生が、毎朝、自主的に新宿アルタ前周辺を

CHAPTER 1

ラジオは風前の灯火だった——2000年代の「衰退」

掃除している」というものでした。「一緒に掃除してくれる人、募集」という段ボールを掲げて、毎朝、新宿の路上を掃除しているというニュースを知った鶴瓶師匠が「なら手伝おうや」と一言。

僕は内心、「え？　いつ？　どうやって？」と驚いたのですが、チーフディレクターの先輩も間髪入れず、「それならすぐに行きましょうよ！」と応答。なんと実際に翌週、朝6時に鶴瓶師匠と番組スタッフはアルタ前に集合し、ゴミ拾いに参加させてもらったのです。その時の男子大学生の驚いた顔が忘れられません。

実際に早朝の1時間をかけて、汗を流しながら新宿東口の街に捨ててあるゴミを拾い続けました。その後、その男子大学生にはスタジオにもゲストとして来ていただき、「どういう理由で早朝掃除を始めたのか」と動機を深掘りするトークにも発展。1つのコーナーをきっかけに、とても豊かな広がりが生まれたのです。

パーソナリティやリスナーが「面白い！」と直感するものが生まれた瞬間、番組制作をつかさどるディレクターもすぐさまその勢いに乗っかれるか？　迷っている暇はありません。企画を面白く発展させていくためには、スピード感が何よりも大事だと学んだ出来事でした。

ポルノグラフィティ岡野昭仁さんの即興に学ぶ

ＡＤとして奮闘する人が必ず持つであろう目標、それは「早くディレクターになってキューを振ること」だと思います。

誰かの下で番組を作るのではなく、ディレクターとして１つの番組をしっかりと仕切ってみたい。ところが、ついにその出番が訪れたとき、僕の場合はまったく上手くいきませんでした。

２００７年７月、入社して５カ月、ディレクターとして初めてのキューを振る機会がやってきました。

その番組は毎週土曜日深夜25時から放送していた「ポルノグラフィティ岡野昭仁のオールナイトニッポン」でした。当時の自分は、情けないぐらい右も左もまったくわからない状態で（オールナイトニッポンのＡＤ経験もないまま、初めてのオールナイトニッポンの担当で即ディレクターの立場を任されたのです）、パーソナリティはもちろん、メイン作家さん、サブ作家さん、ミキサー、ＡＤ、事務所の方、レコード会社の方……ありとあらゆる関係者に迷惑をかけてしまうような状態からのスタートでした。

「余裕ゼロ」の状態でディレクター初仕事に挑んで1カ月経った頃、忘れもしない2007年8月25日の生放送。この日は、オールナイトニッポン40周年を記念した日本武道館でのイベント直後の生放送でした。

日本武道館でのイベントは、ポルノグラフィティの2人やaikoさん、吉井和哉さんなどオールナイトニッポンを担当してきたアーティストが続々とライブを行い、アンコールでのサプライズでナインティナインの2人と福山雅治さんまで登場するという超豪華な内容でした。

宴の余韻も冷めやらぬ8月25日は、聴取率を競う「スペシャルウィーク」にあたり、局内のテンションも最高潮に。この日の放送内容は、ポルノグラフィティの武道館でのライブ音源をどこよりも早く放送するというスペシャル企画で決まっていました。

しかし……なんと収録機材のトラブルで、ライブ音源が放送できるレベルで収録できていないことがイベント後に発覚したのです！　「ポルノグラフィティのライブ音源が聴けますよ！」と事前に散々リスナーを煽っておきながら、あり得ないミスが起きてしまったのです。

今なら柔軟に考えて、別の企画に差し替えるなど打開策をいろいろと提案できると思うのですが、当時の自分は駆け出しの状態で対処法もわからず（当時は、社内で誰かに相談できる関係性や雰囲気も構築できていませんでした）、ただただ「コンディション不良のライブ音源をなんとかOAさせてもらえないか」と事務所にお願いするだけになってしまいました。ほかの対処法がまったくわからなかったのです。事務所の方の計らいでなんとか2曲OAさせてもらえたのですが、ライブ音源を紹介するスペシャル企画としてはかなり消化不良の状態になってしまいました。

完全に頭が真っ白になった状態で放送に臨んでいた僕を見かねてなのか、パーソナリティの岡野昭仁さんが何やらマネージャーに相談していたかと思えば、ふいに立ち上がってスタジオの外へ。マネージャーに耳打ちして、ご自身の車から持ち運んだのは、愛用のアコースティックギターでした。そしてなんとエンディング直前に、サプライズで尾崎豊「I LOVE YOU」のカバーを即興で弾き語りをしてくださったのです。

僕は同じスタジオ内の放送卓に座っていたのですが、何が起きたのか一瞬わかりませんでした。昭仁さんが1曲歌い終わるや、サーバーが受信できないほど賞賛のメールが殺到。ようやく状況を飲み込めた僕の胸に、言葉で表現できないほどの感動と感謝の念が押し寄せてきました。

放送が終わった後、呆然としていると昭仁さんが優しい笑顔で「何か困っていたら、何でも言ってくれていいよ」とおっしゃってくれました。その言葉にハッとしました。

この日の自分を思い返すと、ピンチの状況を誰にも相談ができずに1人で抱え込み、ずっと頭の中で「ヤバい、ヤバい、ヤバい……」とリピートしている状態でした。ディレクターがこうなってしまっては、周りの人は何をフォローすればいいのかわからず、何もいい方向へと進みません。

もっと周りを頼っていい。本当に困ったときはSOSを出していい。それがきっとリスナーに喜んでもらえる結果につながるはずだから。

昭仁さんの一言からそんなメッセージを受け取ることができました。

プロデューサーという立場になった今、スタッフに向けて「周りの人たちへの共有が大事！」と口癖のように伝えているのは、僕自身が直面したこの苦い経験が元にある気がします。

なんて偉そうに書いていますが、この一件の後もディレクター時代は「冨山さんは何を考えているかわからない」とミキサーさんやADからよく言われてしまっていたので、根本的な〝抱え込み体質〟は変えられなかったのかもしれません。反省。

CHAPTER 2

「東日本大震災」でラジオの存在価値は変わった

―― 2010年代前半の「転機」

２０１１年３月11日、当日の現場

２０１１年３月11日（金）、14時46分に発生した「東日本大震災」。マグニチュード９・０という未曽有の記録となった大災害は、ラジオの存在意義を見つめ直すきっかけとなりました。

ラジオ特有の「広く浅く」ではなく「狭く深く」届けるという特性、また、乾電池さえあれば、数十時間聴くことができる利便性など、災害時・緊急時にこそ発揮される、ラジオのメディアとしての価値を再認識できる場面にいくつも触れ、自分のやるべきことがより明確になったような気がしました。

少々長くなりますが、記録の意味も込めて、当時の行動と僕なりの気づきを記しておきたいと思います。

２０１１年３月11日（金）、この日の朝、僕は千葉県四街道市にあるパン屋さん「石窯パン工房　ル・マタン四街道店」にいました。

ニッポン放送の平日午前中の番組「垣花正　あなたとハッピー！」で、リスナーを集めての公開生放送を行っていたのです。番組レギュラーの演歌歌手・山内惠介さんの出演もあり、生放送に600人を超えるリスナーの方が集まり大盛況。達成感をお土産に、14時過ぎに有楽町にあるニッポン放送に帰ってきました。

会社に戻るとそのまま、7階の仮眠室で仮眠に入りました。実は2日後の3月13日(日)から、当時担当していた番組「坂崎幸之助と吉田拓郎のオールナイトニッポンGOLD」でハワイツアーの企画が控えていたのです。250人のリスナーの皆さんと一緒にハワイへ行って、現地で公開収録を行うという夢のような企画が決まっていたのですが、公開収録の準備をまだ終えていなかったため、仮眠を取ってから集中して作業しようと体を横たえたところでした。

少しウトウトと眠りかけた14時46分、「ドンッ!」という衝撃音と共にベッドから飛び起きました。東京都千代田区有楽町は震度5強の揺れ。仮眠室を出たところにある医務室では、社員のカルテというカルテがロッカーから飛び出し、きれいに仕分けしてある薬が全部飛び出していました。

これは尋常な事態ではないと察し、緊急停止したエレベーターを横目に、階段を使って生放送のスタジオがある4階へと降りました。これまで経験のない震度5強という揺れを受けて、放送も地震対応の中でもハイレベルな放送対応に切り替わっていました。通常の放送、ＣＭなどをすべて中止し、災害の情報を最優先で伝え続ける放送です。スタジオでは、普段金曜日の午後を担当している上柳昌彦アナウンサーが、緊迫した表情で次々と入ってくる地震の最新情報を読みあげていました。そして千葉・茨城・神奈川のリスナーへ向けて津波警報が発令されていたので、今すぐ沿岸部から避難するように必死に呼びかけていました。

家屋倒壊の情報、火災情報、停電情報、液状化や道路陥没が起きている情報、電車や高速が止まっている情報、そして外で取材をしている報道記者からの連絡、そして、オープン戦の中継のために横浜スタジアムにいたスポーツ部のアナウンサーやディレクターからのレポートなど、ありとあらゆる情報がスタジオ外の副調整室に集まり始めていました。スタジオの外は、人と情報が錯綜し、パニック状態でした。

僕は生放送のスタジオの応援に入り、そのままサブディレクターというディレクターの補佐を行う業務に入りました。同じフロアにある報道部から続々と届く、情報の整理、そして都内各地に取材に出た報道記者やアナウンサーとどの順番で中継や電話レポートをつなぐのかを調整する業務を引き受けていました。

最初は、通常の震度5強クラスの報道対応でしたが、時間の経過と共に東北地方の壊滅的な被害状況が断片的に入るにつれ、局内の空気は緊迫していきました。

CHAPTER 2

「東日本大震災」でラジオの存在価値は変わった――2010年代前半の「転機」

ニッポン放送の放送エリアである首都圏では、太平洋沿岸部での津波警報、千葉のコンビナートの火災、浦安の液状化現象、そして神奈川県を中心とした大規模停電、そして帰宅困難者による主要ターミナル駅の混乱と、かつて経験のない規模の被災状況が続々とスタジオに速報として入ってきました。

リスナーからは、「停電でテレビが消えてしまって、情報を収集する方法がラジオしかなくなっている」「携帯電話が通じず、家族の状況がわからない」というメールが殺到しました。その声は、夕方以降、夜で真っ暗になるとさらに多くなっていきました。その時間、ラジオで災害情報を読み続けたのは、日頃はワイド番組の生放送を行っている上柳昌彦アナウンサーや垣花正アナウンサーでした。リスナーからは「いつも聴いている人の声が暗闇の中でもラジオから聴こえるとホッとします」という声が届きました。

この時は目の前のことに必死で何も考えられませんでしたが、振り返ってみると、非常時において耳馴染みのある声がいかに人を安心させるのか、強く痛感する出来事でした。

緊急災害放送と「歌えバンバン」

ニッポン放送の緊急災害放送の対応は、3日間62時間に及びました。

CMはもちろん、曲も入ることなく、ひたすらニュース、生活情報、交通情報、避難所の情報など、人々の目の前の暮らしに直結する情報が読み上げられました。

オールナイトニッポンも3月11日（金）のAKB48、12日（土）の福山雅治さんの「魂のラジオ」、そしてオードリーの放送は中止になりました。

僕がディレクターとして担当していた月曜日の夜22時から放送の「坂崎幸之助と吉田拓郎のオールナイトニッポンGOLD」も先述の通り、3月14日（月）の放送時にはハワイに行っている予定だったので、事前に収録したいつも通りの内容をお送りする予定でした。しかし、未曽有の緊急事態に多くの方が直面している今、この日の放送をどうするべきか、判断が迫られました。

当日の夕方、放送をどうするか協議するためにニッポン放送のスタジオにいらっしゃった吉田拓郎さんが一言、「今は自分たちの話す言葉より、ラジオの前には最新の情報を待っている人たちがいる。被災者への気持ちは持ちつつ、今夜の放送は断念しよう」。その場にいた坂崎幸之助さんも同意し、その日の放送は中止することを決めました。

その後、吉田拓郎さんと坂崎幸之助さんは、翌週からレギュラー放送に復帰。震災から1カ月が経過した2011年4月18日には、5時間に及ぶチャリティ番組を実施してくれました。

オールナイトニッポンが通常放送に戻ったのは、3月14日(月)の深夜25時から生放送でお送りした「大宮エリーのオールナイトニッポン」からでした(と言っても、テーマ曲であるビタースウィート・サンバは自粛)。新進気鋭の女性クリエイターとして注目を集めていた大宮エリーさんが、独特の柔らかい口調でのエリー節で話すトークが人気でしたが、この日は被災地のリスナーから届いたリクエストを紹介する放送に徹しました。

1曲目で流れたのは、「歌えバンバン」でした。小学生の時に合唱した人も多いのではないでしょうか? 震災発生から誰もが不安に駆られている深夜に、全国各地のリスナーの元にあるラジオから「歌えバンバン」が流れているかと思うと、不思議と胸が詰まるような思いになりました。

学校の卒業式が中止になり、合唱ができなくなった子どもも多かったことでしょう。自分の子どもが歌っている姿を眺めた記憶がある親御さんもいるかもしれません。いろんな人が、あのとき、ラジオを前に同じ曲を聴き、それぞれの感情に浸っていたはずです。たった1曲、ラジオから流れるだけでいろんな感情が溢れてきました。あらためてラジオから流れる音楽の力に気づきました。

最近はサブスクリプションで、自分の知っている曲、好きな曲だけを選んで聴くことができますが、ラジオから流れる曲には「偶然の出会い」があります。たまたま流れてくる曲を通じて、張りつめていた心がふとほぐれ、ほんの少し軽くなる。そんな体験を、僕自身も受け止めていました。

東北出身サンドウィッチマンとの忘れられない出来事

月曜日の大宮エリーさんに続いて、火曜日のはんにゃの2人、水曜日のゴールデンボンバー鬼龍院翔さん、そして木曜日のナインティナインの2人と、各番組がそれぞれの形で放送をお届けする中で、金曜日を担当するＡＫＢ48だけは1週、番組をお休みすることになりました。

平均年齢が20歳に満たない少女たちにとっては震災の衝撃は大きく、関係各所と協議したのち、当時のチーフディレクター（角《かく》銅《どう》秀《ひで》人《と》さんという名物ディレクターです）が水曜日の時点で急遽、代演のパーソナリティを探すことを決めました。

しかし、それを誰にお願いするかが問題でした。震災から1週間を迎えた日の夜、ラジオで発信できる何かを持ち合わせたパーソナリティなどなかなかいません。放送日が迫る中、ふとテレビ画面を見ると、お笑いコンビ・サンドウィッチマンの2人が「東北魂」という義援金を集める活動を発表していました。

サンドウィッチマンは、宮城県出身の伊達みきおさんと富澤たけしさんのコンビです。2人は震災当日の地震発生時に、宮城県気仙沼市にある気仙沼港市場でテレビ番組のロケ中に被災されました。

避難した近くの安波山の高台から津波で町が浸水し、火災が発生して街中が火の海となる状況を間近で目撃されました。地震から4日後の3月16日には、「〝東北魂〟東北地方太平洋沖地震義援金口座」と銘打った銀行口座の開設と募金活動の開始を発表、すぐに被災された方のために行動に移されたのです。

その募金活動の様子をテレビで見ていた角銅さんは「サンドウィッチマンの2人しかいない」と即断。その場でオファーをし始めました。実際にサンドウィッチマンの出演が決まったのは、放送前日の木曜日の夜だったと記憶しています。

そして迎えた3月18日(金)の深夜24時。サンドウィッチマンの2人がニッポン放送に入ってきました。とても緊張した面持ちでした。

それもそのはずです。2人の出身地である宮城県では広範囲で壊滅的な被害を受け、余震が続き、多くの方が避難所での生活を強いられていました。そんな状況下で、地元のTBC東北放送のラジオはライフラインに関する情報をずっと流し続けていました。

避難所や停電の自宅で過ごす人にとって、ラジオから流れる電気・ガス・水道や食

CHAPTER 2

「東日本大震災」でラジオの存在価値は変わった——2010年代前半の「転機」

糧配給・物資支給の情報は文字どおり、「生きていくために必要な情報」でした。そうした中で東北放送の皆さんは、「サンドウィッチマンの2人が話すなら」と、急遽、オールナイトニッポンを放送することを決断してくれたのです。

東北出身のサンドウィッチマンのトークを地元の皆さんにお届けできる。ただ、それは同時に、震災で大きな被害を受けた避難所でもこの番組が流れることを意味しました。

サンドウィッチマンの2人も、僕たちと同じ緊張感を持っていたのだと思います。ニッポン放送に入ってきて最初に打ち合わせしたことは、「番組をどのような温度感でスタートしていくか」だったと記憶しています。

芸人さんのラジオらしく明るく入っていくべきなのか、それとも震災で傷ついた人たちに寄り添いお見舞いの言葉から入るべきなのか……。方針は簡単にはまとまりませんでした。

刻々と迫る、深夜25時の番組スタートの時間。サンドウィッチマンの2人の中でどのような思い、やりとりがあったのかはわかりませんが、当時のサンドウィッチマン伊達みきおさんのブログが、放送開始7分前の24時53分に更新されています。『俺達の仕事』というタイトルで書かれていた文章にはこう書き綴られていました（ご本人の了承を得て転載いたします)。


『俺達の仕事は芸人です。

気仙沼で地震にあい、津波からも奇跡的に避難しました。

地元は宮城県仙台市。

昔、石巻市渡波にも住んでました。住んでた辺りは津波被害で跡形もありません。

友達や知り合いで連絡取れないヤツもいます。

でも、俺達の仕事は芸人です。

人を笑顔にさせてナンボの世界に14年います。

今からオールナイトニッポンやります。

宮城県の東北放送も、この時間だけ枠を取ってくれました。被災地の皆さんに聴いて欲しいです。

元気に行くぞ!!』


この文章は、もしかしたら自分自身への決意表明だったのかもしれません。

時報が鳴り、深夜25時から始まった特別番組「サンドウィッチマンのオールナイト

CHAPTER 2

「東日本大震災」でラジオの存在価値は変わった――2010年代前半の「転機」

ニッポン」。その生放送の第一声は、「ショートコントCD屋さん」という声でした。
ギリギリまで迷いながらも、「被災地の皆さんに少しでも笑顔になってほしい」という気持ちからショートコントから始めることを決めた2人の生放送。僕はスタジオのブースに背を向けながら、生放送中に届くメールをひたすら出す、サブ作家の役割を代行していました。

最初のショートコントが終わってトークが始まると、数百件のメールが一気にパソコンに届きます。「地震が起きてから、初めて笑いました」「停電で真っ暗な中で聴いています」「車の中に避難生活をしながら聴いています」。おそらく携帯電話のバッテリーも十分でないはずの状況なのに、わざわざラジオにメールを送ってきてくれる人がこんなにもいるのか――。僕は胸を熱くしながら、ひたすらメールをプリントしてスタジオに渡し続けました。

届いたメールは生放送中にもたくさん紹介しましたが、放送終了後にもサンドウィッチマンの2人はスタジオに残って、被災地から受け取ったメールはほぼ全部、読んでいたと思います。さまざまな場所、状況、人たちから届いたメッセージを、真剣な表情で読み込んでいた姿は忘れられません。

裏番組「バナナマンのバナナムーンＧＯＬＤ」からのエール

この日の生放送中にはもう1つ、忘れられない〝事件〟が起きました。

それはオールナイトニッポンのライバル番組でもある、ＴＢＳラジオ「ＪＵＮＫ」との間に起きた出来事です。

「ＪＵＮＫ」は平日の月曜〜金曜の深夜25時〜27時に生放送されるオールナイトニッポンの裏番組です。錚々たる芸人さんたちによるトークが魅力で、長年のライバル関係にあります（と僕は一方的に思っています）。その「ＪＵＮＫ」も東日本大震災以降は特別体制に移行し、冒頭10分間はパーソナリティがメッセージを送り、残りの1時間50分は震災に関する情報を届けるスタイルを続けていました。

オールナイトニッポンがサンドウィッチマンを迎えたこの日も、毎週金曜日に放送している「バナナマンのバナナムーンＧＯＬＤ」も、バナナマンの2人が冒頭の10分間はメッセージトークをした後、震災に関する情報を届けていたそうです。

〝異変〟は、オールナイトニッポン放送開始から10分経過した頃に起きました。

CHAPTER 2

「東日本大震災」でラジオの存在価値は変わった——2010年代前半の「転機」

僕がスタジオに隣接した副調整室で番組宛のメールをチェックしていたところ、突如、「TBSラジオから、こっちに聴きに来ました！」というメールが殺到したのです。どういうことだろうと驚きつつ、メールの文面からすぐに状況がわかりました。

TBSラジオの放送の中でバナナマンの2人がリスナーに向けて、「今、被災地出身のサンドウィッチマンが「オールナイトニッポン」で話している。もしよければ、今日だけは、そっちを聴いてあげてほしい」と話してくれたのです。

僕はにわかには信じられない思いでした。当時は今とは比べ物にならないぐらい、ラジオ各局のライバル意識が高く、他局の話題はもちろんのこと、裏番組の話題を出す、ましてや「裏番組を聴いてくれ」と呼びかけるなど言語道断の世界でした。

それが震災という決して一筋縄ではいかない、日本人全員で立ち向かっていかなくてはならない困難に直面した結果、バナナマンの2人は、そしてTBSラジオのスタッフの皆さんは、裏番組へのエールという形でメッセージを発信してくださったのです。その心意気と深い思慮に、同じラジオ業界の人間として敬意と感謝の気持ちが溢れそうでした。しかし、感傷に浸っている暇はありません。

リスナーからのメールは、すぐにスタジオのサンドウィッチマンに渡され、生放送でも紹介されました。サンドウィッチマンの2人はもちろん、副調整室にいるスタッフたちも想像もしなかった展開にビックリしていました。

ラジオ番組は、誰かが一方的に作っているものではなくて、パーソナリティも番組スタッフもそしてリスナーも、いろんな人たちの思いが重なり合って作られていくものである。この体験を通じて、そう心に刻まれました。

まさか裏番組のパーソナリティ、番組スタッフの皆さんとも思いを共有しながら番組を作ることができるとは思っていませんでした。この体験は、自分の中でのちに局の垣根やメディアの垣根を超えてプロジェクトを動かしていく原点になりました。

福山雅治さんが提案してくれた24時間チャリティ特番

東日本大震災から2週間。ラジオ番組として、被災地に対して何ができるのかという模索が続く中、ミュージシャンで俳優の福山雅治さんから、ニッポン放送に〝ある提案〟がありました。

当時、福山さんは毎週土曜日深夜23時30分から放送していた「福山雅治のオールナイトニッポンサタデースペシャル・魂のラジオ」（以下、「魂のラジオ」）のパーソナリティを務めていました。

福山さんからの提案は、「震災から1カ月を迎える直前の4月9日（土）と10日（日）の2日間にわたって、24時間のチャリティ特番を行いたい」というものでした。（もともとその2日間は、福山雅治さんが宮城県でコンサートを行う日程でもありました）。

背景として、ニッポン放送が毎年12月24日正午から25日正午まで24時間にわたって、「目の不自由な方へ音の出る信号機（音響装置付き信号機）を！」を合言葉にお送りしているチャリティ放送「ラジオ・チャリティ・ミュージックソン」がありました。

これは1975年から続くチャリティ企画で、キョードーグループ創業者である内野二朗さんの「1年に一度くらい、メディアが社会に奉仕してもいいじゃないか。音楽をかけながら募金を集めるミュージック・マラソン（略してミュージックソン）ができないか」という呼びかけに賛同し、ニッポン放送が幹事局となって企画が実現したと聞いています（現在、AMラジオ11局が参加しています）。

こうした背景も踏まえて、福山雅治さんはニッポン放送のチャリティ番組を通じて、東日本大震災で被災された方々を支援する募金を集めたいと着想されたのだそうです。僕は「魂のラジオ」の番組スタッフではなかったのですが、ディレクターとしてこの特番に関わることになりました。

3月26日（土）に提案を受けてすぐに、どういった特番を行うかのプロジェクトチームが発足。準備期間は2週間弱。番組の中身を詰める打ち合わせや、24時間の特番を行うために番組のフォーマットを変更する作業などが急ピッチでスタートしていきました。

やはり重要なのは24時間の生放送を構成する〝中身〟です。チーフディレクターだった角銅秀人さんと何度も番組の中身についてディスカッションしていった結果、2つの方向性が見つかりました。

1つは、応援を発信しようという方向性。スタジオに福山雅治さんやニッポン放送に縁のある方々をお招きして、ラジオからメッセージを発信していこうというものです。いま被災地に向けて直接ラジオから発信することで届くエールがあるのではないか？　との思いからでした。

そしてもう1つは、当事者の声を聴くという方向性。「魂のラジオ」を聴いてくれているリスナーの方の中で被災された方々の声を拾い、番組を通じて紹介していこうという方向性が固まりました。

この2つのうち、僕は後者の企画を主に担当することになりました。

番組に届くメールを1通1通開いて読み、被災されたリスナーの方に直接メールを送って状況を伺う日々が始まりました。

「魂のラジオ」は1週間で1万通以上のメッセージが届く、放送当時は、文字通りニッポン放送を代表する看板番組でした。全国34局ネットで流れている人気番組なので、東北地方からのメッセージもたくさん届いていました。

自宅で被災された方、避難所生活をされている方、車中泊をされていらっしゃる方など、さまざまな状況がメールで綴られていました。

メールの送り主と電話をつなぎ、状況を聴き、今どんなことに困っているかなどを伺い、番組でも紹介をしていたのですが、4月2日（土）の放送終了後に福山雅治さんから「メールを送ってくださったリスナーの皆さんに支援物資を届けられないだろうか？」という提案を受けました。「チャリティ番組を実施する24時間の生放送中に」というアイディアに、なるほどと膝を打ちました。

あれほど広域にわたって甚大な被害をもたらした東日本大震災の被災者に対して、どのような支援ができるのか途方に暮れていた僕にとって、「番組リスナーに支援物資を届けたい」という福山雅治さんのシンプルかつストレートな提案は、この上ない考えだと感じました。

こうして実際に24時間の生放送の中で、支援物資を持って番組リスナーのところへ伺い、生中継で福山雅治さんとお話をしてもらうという企画が生まれました。残りの1週間で実際に伺わせていただく5か所のリスナーが決まり、それぞれのリスナーの方から「いま必要な支援物資」をお聞きし、都内のスーパーマーケットやショッピングモールで買い出しを行いました。

被災者をつないだ「魂のラジオ」

そしていよいよ「魂のラジオ」の24時間生放送がスタートした2011年4月9日(土)の昼、東北地方へ向けて、中継隊は出発しました。中継レポーターの垣花正アナウンサーとディレクターの僕、ドライバーさん2人が乗ったニッポン放送の中継車と、支援物資を大量に積んだハイエース(福山雅治さんの所属事務所が用意してくれました)の2台に分乗して東北へ向かいました。

東北へと向かうにつれ、車窓から震災と津波の生々しい傷跡が迫ってきました。一瞬にして、これほど無残に日常が壊れてしまうなんて……。消化しきれない感情が胸に迫り、普段はよくしゃべる僕でさえ何も口から発せられなくなりました。

なんとしても、傷ついたリスナーの方々の力になる、そして支援の心が1つになるような放送を届けたい――2台の車に乗っていた全員が、同じ気持ちだったと思います。出発から8時間後、通行止めの道路を迂回しながらようやく目的地に到着しました。

最初にお伺いしたのは、福島県郡山市に暮らす高校生の女の子のご自宅でした。

ご自宅が被災され、停電も断続的に続いている状況であることを事前に伺い、支援物資として地域全体で不足しているというラジオを１００台ほど差し入れると、とても喜んでくれました。

けれど物資以上に喜んでいただけたのは、やはり福山雅治さんが不安を抱えながら暮らす自分たちを気にかけてくれたという結びつきだったのだと思います。実際に中継をつないで福山雅治さんとお話ができると、ご家族全員の顔がパーッと明るくなるのがわかりました。毎週土曜の深夜に聴いていた〝声〟が、寄り添ってくれているという心強さ。やはりリスナーとパーソナリティの結びつきは特別なものだと実感しました。

その次にお伺いしたのは、福島県伊達市の旅館でした。こちらは小さい子どもたちを育てるお母さんが「魂のラジオ」のリスナーで、避難所を転々とする中でこの日からこの旅館での避難生活が始まったという状況でした。

子どもたちの学習道具を失ってしまい、手元に十分にないという事情を受け、文房具をお渡しした後、福山雅治さんと中継でつなぎました。お話しをしながら、感極まって涙ぐむお母さん。聞けば、子どもたちのお父さんが福島第二原発で勤務しているとのこと。実はこの日、お父さんは１カ月ぶりの帰宅となり、家族と再会することができたとのことでした。

避難生活をされている中でも、家族が一緒に過ごすことのできない不安や苦しさを抱える人がいることを、ラジオを通じて届けられたのではないかと思います。


車をさらに北へと進めて、3か所目にお伺いしたのは宮城県石巻市でした。石巻の中学校で避難生活をされていた竹内栄喜《たけうちえいき》さんは中学校の先生です。もともとは、とんねるずのオールナイトニッポンの「ハガキ職人」をしていた、筋金入りでラジオを愛してくださっている先生でした。

事前にメールや電話のやりとりをさせていただいたときは柔和な印象で、優しい笑顔で僕たちを迎えてくれた竹内さんでしたが、避難先の中学校を訪問してみると、非常に緊迫した状況の中で避難所生活を送っていることが伝わってきました。

数百人の市民の方が体育館や教室に集まって避難生活を送る中、どのようにして人々の生活や健康を守っていくか、ギリギリの選択やせめぎ合いがあることを、その場の空気が語っていました。

その日の夜中の深夜25時過ぎ、オールナイトニッポンの時間帯に中継でご出演いただいた時のことです。それまで僕たちの前では柔和な表情を見せていた竹内さんのお顔が、見る見るうちに険しい顔つきとなりました。

竹内さんは支援が届かず避難所の生活が困難になっていること、劣悪な環境で生活を余儀なくされていることなどを必死に訴え始めたのです。鬼気迫る表情と声色の竹内さんの様子に、中継先の我々も、有楽町のスタジオにいた福山雅治さんたちも黙って耳を傾けることしかできなくなってしまいました。全国放送で自分の思いを話すことの意味の大きさを深く考えさせられました。


その日の夜は、半分まだ水に浸かったままの学校の校庭に中継車を停めさせていただき、仮眠を取ることにしました。

ガソリンが不足していたのでエンジンを切って仮眠を取ろうとするのですが、4月上旬の宮城県石巻市がとてもとても寒く、目を閉じることができません。周りを見れば、校庭には同じく停車している車が何台も。車中での生活を余儀なくされている方々なのだとすぐに理解できたのと同時に、過酷な状況で寝食をする生活に耐えている状況に、胸が痛みました。

寒さとさまざまな思いにかられ、結局、この日は一睡もできないまま朝を迎えることになりました。

「同じラジオを聴いている」だけで縮まる距離

2日目は、まず宮城県気仙沼市の避難所にいる女性リスナーの元に伺う予定でした。しかしながら、石巻市から気仙沼市へ向かう道路の陥没や橋の不通があると判明し、向かうことを断念。予定を変更して、最終目的地としていた岩手県大船渡市へ向かうことにしました。

岩手県大船渡市は、前年に放送された福山雅治さんの主演作、NHK大河ドラマの「龍馬伝」のロケ地でもあります。その際にご縁のあったカレーうどんのお店「百樹《もも》屋《や》」さんのおかみさんが熱心な番組リスナーで、今回のチャリティ企画で訪問することになったのでした。

百樹屋のおかみさん、由紀子さんを訪ねようと、石巻から北上しました。途中、津波の被害が特に深刻だった岩手県陸前高田市を通過したのですが、道路の両面に積みあがった瓦礫の高さに言葉を失いました。

岩手県大船渡市に到着したのは、放送のエンディングが迫った4月10日(日)のお昼の12時前でした。沿岸部にあった百樹屋さんは津波の被害を受けて全壊。内陸にあるご実家に避難をされていました。

中継でつながった福山雅治さんに由紀子さんが言葉をかけます。その会話の内容に、僕は衝撃を受けました。「福山さんに実際に食べてもらった記念のカレーうどんのお椀が流されちゃいました」と謝っているのです。

お店が壊滅的な被害を受けて想像も絶する苦労や心配を抱えているはずなのに、お椀が流れてしまったことを詫びる由紀子さんの優しさや福山さんへの気づかいに胸を打たれました。福山さんは「また百樹屋が再開したらすぐ行くから、その時にまた記念のものを作りましょう」と励ましの声をかけていました。

由紀子さんが支援物資として求めたリクエストも、自分より他者を気づかう思いやりがにじむものでした。それは、息子さんの職場である福祉施設で使うことができる下着や肌着でした。


中継が終わり、ご挨拶をして帰ろうとすると、由紀子さんやご主人、そして由紀子さんのお母さんから呼び止められました。なんと「ご飯を用意しているので、食べていってほしい」とおっしゃるのです。

さすがに東京から支援物資を届けに来ている立場の僕たちが、現地の皆さんの貴重な食料をいただくのは申し訳ないと断っていると、由紀子さんが首を振りました。

「母は地震から1カ月間ずっとふさぎ込んでいたんです。生きがいだった食堂も開けられなくて意気消沈してしまって……。本当に見ていてつらい状態だったのに、今回、オールナイトニッポンさんが来てくださることになって、『自分たちのためではなく、誰か来てくれる人のために食事を作ろう』と母にもちかけた途端、体が元気に動き出したんです。母のためにも、よかったら食事をしていただけませんか」

その話を聞き、僕たちはお気持ちをありがたくいただくことにしました。実はそのときまで丸2日間、食事らしい食事をしておらず、気力でなんとか踏ん張っているような状態だったのです。そんなときにいただいた由紀子さんとお母さんが作ってくださった温かい食事は、身にも心にも染みわたるようでした。涙が出るほどおいしく、一生忘れることのできない味になりました。

その後、2011年6月に百樹屋さんは営業を再開されました。そして、その知らせを聞いた福山雅治さんがすぐに現地を訪問し、「龍馬伝」のポスターを贈呈しています。

僕もこの一件がご縁となり、その後も定期的に百樹屋さんにお伺いして、おいしい食事をいただいています。

気がかりだったのは、2日目の朝に向かえなかった宮城県気仙沼市の女性リスナーでしたが、24時間の生放送での中継対応が終わった後に避難所にお伺いし、支援物資を届けることができました。さらに翌週の生放送では電話でご出演していただき、福山雅治さんと会話を交わす時間も実現することができました。


被害の大きさに比べて、僕たちができた行動は微々たるものでしたし、被災した方々にとって、どれほどの力になれたかはわかりません。でもポケットラジオが1台あれば、乾電池で数十時間もリアルタイムの情報を受け取ることができるというのは、テレビでもインターネットでもできないことです。

僕にとってこの時の体験は、「ラジオの力」をあらためて深く考える機会となりました。

自分のためではなく、他人のためを思って行動する。

それは誰にとっても日常の中で行われていることかもしれませんが、つながれる他人の輪がどこまでも広がり、かつ深められるのがラジオなのだと認識しました。

会ったこともない、顔も名前も知らないはずの間柄なのに、「同じラジオを聴いている」ということだけで、まるで昔から知っている仲間のような近い距離感で接することができる。これがラジオの持つ大きな力なのだと感じました。

パーソナリティはリスナーのために、リスナーはパーソナリティのために、そして番組を制作するスタッフはその2つをつなげるために存在し、その両者ともつながっている——そんな結びつきを強く感じられた経験でした。

そして、その特性が非常時にこそ発揮されて、人々が再び立ち上がる力を支えることを、目の当たりにしました。

終わらせてはいけない。ラジオの力を信じ続けたい。そんな思いは僕の中で揺るぎないものになりました。

苦境のなかで生まれたタイアップ企画の創意工夫

東日本大震災をきっかけに、ラジオの価値が再認識できた一方で、2010年代前半は「オールナイトニッポン」が最も苦境に立たされた時期だったと思います。象徴的だったのが、スポンサーの減少です。

「ラジオ」というメディアそのものの影響力の低下に加えて、2008~09年に起きたリーマンショックの影響が数年かけて波及し、それまで番組を支えてくださっていたナショナルクライアント（いわゆる国内大手企業）と呼ばれるスポンサーが減ってしまったのです。

この頃は、昼間も夜もスポンサーが決まらない番組やコーナーが急増した印象があります。昼間は、千葉、神奈川、静岡といった地域に密着するローカルスポンサーのCMが増えたほか、今までは単純にラジオCMを流すだけだったものが、スポンサーの担当者が出演したり、スポンサーのお店から行う中継CMなども増えた時期でした。夜は大手企業の中で残ってくださっていたブルボンさんとJASRAC（一般社団法人日本音楽著作権協会）さんのCMがたくさん流れていた記憶があります。

オールナイトニッポン全体で協賛が5～6社しか集まらず、本来であれば番組を締める定型文に「○○、△△、□□…以上各社の協賛で」と入るところが、スポンサーがいないため「●●のオールナイトニッポン、東京千代田区有楽町のニッポン放送をキーステーションに、全国36局ネットでお送りしました」だけで短く終わってしまう番組もありました。さみしく、深刻な状況に陥っていました。

さらに、この時期、人気番組がいくつも終了してしまいました。15年続いた福山雅治さんの人気番組「福山雅治のオールナイトニッポンサタデースペシャル・魂のラジオ」が2015年3月に終了。ナインティナインの矢部浩之さんが卒業する形で「ナインティナインのオールナイトニッポン」も2014年9月に、「ゆずのオールナイトニッポンGOLD」も2015年3月に終了するなど、番組の終了ばかりがニュースとして世間に伝わってしまう。番組自体の勢いもなくなっていたと思います。聴取率は2001年以降、TBSラジオに負け続けていて、まさに暗黒時代でした。

「このままでは終わる」と、誰もが漠然とした危機感を抱いていたと思います。

この一番苦しい時代にチーフディレクターを務めていた宗岡芳樹《むねおかよしき》さんは、なんとか番組を継続しようと自ら営業に走り回り、ラジオ広告の新たな形を開拓された先輩ディレクターです。

「エイブルさんが若者に訴求したがっているらしい」と聞けば、「ナインティナインのオールナイトニッポン」の中で「若者応援」をテーマにしたコーナーを新設したり、「東京ディズニーシーがハロウィンイベントの盛り上げを希望している」と聞けば、ナインティナインの岡村隆史さんやオードリーの春日俊彰さんにヴィランズ（悪役）になってプロモーション動画に出演してもらったり。単なるラジオCMだけではないオリジナルの価値を感じてもらえるよう、創意工夫を取り入れて1社1社のクライアントからの応援を取り付けていました。

1つの番組を複数社の協賛で作る前提であるオールナイトニッポンでは、このように特定の1社のための特別対応をすることは異例であり前代未聞でしたが、番組を続けるための施策として生み出されたものだったのです。

そして何より、このときに宗岡さんが孤軍奮闘して切り拓いてくれた手法が、現在のオールナイトニッポンを盛り上げる多彩なタイアップ企画の原型となったことを強調したいと思います。

ライバルのネット動画と組んだ「オールナイトニッポン0（ZERO）」

一方で、未来へつながる新しい動きも生まれていました。

深夜27時まで放送する「オールナイトニッポン」に続く27時～28時半（金は29時まで）の枠で「オールナイトニッポン0（ZERO）」がスタートしたのが２０１２年４月のことです。

なぜ苦境の時代に新たに枠を広げる番組が始められたのか？　と不思議に思われるかもしれませんが、これにはきっかけがあります。

２００９年に、地上アナログテレビ放送をやめた後に余った周波数帯を利用して、携帯電話端末に動画などのコンテンツを配信するプロジェクトが始まっていました。フジテレビ、ＮＴＴドコモなど5社が出資し、スマートフォン向け放送局「ＮＯＴＴＶ」が開設されたのがまさに２０１２年４月。ニッポン放送もこの事業に参加することになり、「ラジオの生放送中のスタジオの映像をＮＯＴＴＶで同時配信する」コンテンツとして「オールナイトニッポン0（ZERO）」は始まったというわけです。

スポンサー減に苦しんでいたニッポン放送にとっても、「制作費が出て、生放送の番組が作れる」というのは大きなメリットであり、希望に感じられました。僕個人としても、絶対に深夜27時からの枠は生放送でこれからの時代を担うアーティストや芸人さん、俳優、文化人などがしゃべるのがよいと思っていたので、まさに「渡りに船」だと感じていました。

オールナイトニッポン0（ZERO）立ち上げ時にチーフディレクターだった松岡敦司さん（1期上の先輩です）は、もともとニコニコ動画で人気だったゴールデンボンバーの鬼龍院翔さんをオールナイトニッポンに起用して、番組の一部をUstreamでの動画配信に挑戦したり、このオールナイトニッポン0（ZERO）のパーソナリティの起用を〝YouTubeオーディション〟と題して、動画で応募をしてもらうなど、後につながるオールナイトニッポンとデジタル文脈の融合にトライした先駆者です。

ところが……。

NOTTVは、2016年6月でサービスを終了することが決定してしまいました。

僕たちは非常に慌てました。番組を維持するには、新たな提携先を見つけないといけません。2016年4月からオールナイトニッポンのチーフディレクターの立場になっていた僕は、社内の人たちと一緒に動画プラットフォームの方々へ必死に売り込みに走りました。

ニコニコ動画など5～6社を訪問して、「オールナイトニッポン0（ZERO）には人気のアーティストや芸人さんが出演しますよ！　そちらのアプリの認知度アップに貢献することができますよ！」と相談を持ちかけ、そして最終的に「LINE LIVE」さんとの提携をとりつけることができたのです。生放送の枠を維持できたということに、心から安堵しました。

とはいえ、動画配信サービスも競争が激しく、1社と組んでずっと安泰ということはありません。動画配信サービスには、利用者を増やしていく時期や、ライバーさんとの関係値を深める時期など、さまざまな状況があり、オールナイトニッポン0（ZERO）と組むのは、利用者を増やしていく時期にご一緒することが多いです。

2019年4月からは「MixChannel（現・ミクチャ）」、2022年10月からは「HAKUNA Live」、そして2023年9月から現在までは「17LIVE」で同時生配信を行っています。

ラジオのスタジオの様子をそのまま動画配信するのは、スマホでYouTubeを見ることが当たり前の、映像に親しんでいる若い世代の人たちにとっては、ラジオ番組との接点として大きな役割を果たしています。特に映像があることによって、ＳＮＳなどで切り取られた際に誰と誰が話していて、どんなことが起きたのかがすぐに理解されるのは、拡散という意味では非常に有効でした（その一方で違法なアップロードや切り抜きが拡散されてしまうというデメリットもあります）。

どちらにしろ、このときに始まった「生放送中の映像の同時生配信」という新たな方法によって、若い世代との接点や流入機会を作ることができたのも、ピンチが生んだチャンスとも言えるかもしれません。

番組発言がネットニュースになる「息苦しさ」と「可能性」

今思えば、2010年代前半はいろいろな面で転換期だったと思います。インターネットの「息苦しさ」と「可能性」を同時に実感し始めたのもこの頃でした。

スマホも行き渡り、誰もが気軽にインターネット記事を楽しむようになったこの頃に、ラジオの生放送の内容から記事を作るメディアが増えてきました。コストをかけずに有名人のコメントを見出しにつけられる芸能記事を作るのに、うってつけの材料だったからでしょう。

オールナイトニッポンに限らず深夜放送の各番組のオープニングでは、その日に話題になった芸能ニュースを引き合いに出してパーソナリティがちょっとコメントするという導入手法はよく使われます。生放送の音声メディアだからリスナーと共有できる、ギリギリのニュアンスの発言もありますが、ラジオ文脈では挨拶代わりのようなものです。しかし、これを文字で起こされ、わざわざ見出しにつける記事が出てきたときは閉口しました。

たとえば、オールナイトニッポンが始まって5分くらい経過すると、「××が、○○に苦言」といったネガティブワードの見出しの記事が上がり、たちまちヤフーニュースのトップ記事になってしまう。ラジオを聴かずにその見出しだけに反応したネット読者が「××、けしからん！」と批判する。反射的に反応した人が、さらに拡散する。これではパーソナリティが息苦しさを感じてしまい、自由な発言ができなくなってしまいます。

今では、番組全体の文脈を汲んだ記事を書いてくれるメディアも増えましたが、当時は単にネタ探しに使うメディアも少なからずあり、対策に悩みました。悩んでいたのですが、実はこの問題にも新たな〝可能性〟が眠っていたのです。その発想の転換については第3章で詳しくお伝えします。

もう1つ、〝可能性〟を感じた出来事が2012年6月にありました。

アイドルグループAKB48がパーソナリティを務めていた「AKB48のオールナイトニッポン」の番組内で突如、AKB48のプロデューサーである秋元康さんから指原莉乃さんのHKT48移籍が発表されたのです。

週刊誌の記事を受けての電撃発表だったわけですが、これが大きな話題となり、ニッポン放送に音声貸し出しやスタジオの写真の貸し出し、生放送の時の様子を知りたいなど取材依頼が殺到したのです。

ニッポン放送はマスメディアなので「取材をする側」であり、世の中に情報を発信する立場で、リレーの最終ランナーだという認識でいました。しかし、番組の中身が注目されることで「取材をされる側」になることに意外な驚きがありました。

ラジオで発信されたことがテレビやネットなどを経由することによって、世の中にまで拡散していくことを目のあたりにしたのと同時に、新たな可能性を広げるきっかけになりました。それが後のメディア施策にもつながっていったのです。

CHAPTER 3

「SNS」と「イベント」がラジオを身近な存在にした

――2010年代後半の「復活」

「radiko（ラジコ）」がもたらしたもの

ラジオ界にとって大きなターニングポイントとなった、ラジオ番組を配信するプラットフォーム「radiko（ラジコ）」が生まれたのは２０１０年３月（実用化試験配信開始）。場所や時間を超えてラジオ番組を楽しめるプラットフォームの誕生です。「Tver」の誕生が２０１５年だったことを考えると、かなり早かったと思います（それほどラジオ業界が危機的状況だったということですが）。

首都圏でもエリアによってラジオが入りにくかった状況の中で、パソコンでラジオが聴けるというのは画期的なことでした。

ただし、この頃はまだ生放送中の番組が聴けるのみでタイムフリー機能はまだなかったので、オールナイトニッポン周りは、現在のような普及には至りませんでした。ラジコがラジオを劇的に変えることになるのは、２０１４年に居住地域以外の放送も聴ける「エリアフリー」、さらに２０１６年に放送時間を遡って聴ける「タイムフリー」の機能がリリースされてからのこと。これによって、ラジオは放送された後も誰でも

（1週間以内であれば）好きなときに好きなタイミングで聴けるようになったのです。
ここからが本当の意味での〝勝負〟の時代への突入でした。

ちょうどこの頃に、若者が人生で最初に買う携帯電話端末が「ガラケー」から「スマホ」に移行したことも、大きな転換点となりました。パソコンでしか聴くことができなかったラジコでのラジオ放送が、スマホのアプリを通じて聴けるようになったのです。

ラジオ受信機を誰も持ってない時代を飛び越え、デジタルの進化によりアプリさえ入れてくれれば「1人1台」ラジオ受信機を持つ時代が誕生したのです。

「その時間帯に聴かないと体験できない」が大前提だった生放送が、「放送後でもいつでも聴ける」というコンテンツに。これは劇的な変化でした。

ただし、いつでも聴けるといっても、選ばれなければ聴かれません。この変化は「言い訳が通用しなくなった」とも受け取れます。

それまで「ニッポン放送は都内で聴きづらいから」「ラジオを受信するハードを持っている人が少ないから」と並べ立てることができた〝聴かれない理由〟はもう通用しません。長らく苦しんだハンデ戦の終焉とともに、ここからが本当の勝負――言い訳ナシのコンテンツ勝負の時代に突入したのです。

ラジコの登場によって、ラジオの作り手が見る「数字」も一変しました（少なくとも、僕は変わりました）。

それまで、ラジオをどれくらいの人が聴いているのかという「数字」は、2カ月に一度の聴取率調査でしか見られなかったのですが、ラジコの登場により、ラジコの再生回数という形で、数字をデイリーでいつでも見たい時に見られるように。これは業界にとって画期的な変化でした。

生放送の数字だけでなく、タイムフリー機能を使って、ひとつの番組が放送後にどれくらい聴かれたのか、また、どの時間帯で聴かれたのか、どんな年代の人が聴いてくれているのかが、数字として可視化されるようになり、分析のスピードと精度が格段に上がったのです。

ラジオを周辺から盛り上げる「ライトリスナー」の登場

ラジコのタイムフリー機能が登場した結果、オールナイトニッポンの場合は生放送よりも、放送後の翌朝の通勤通学時間帯や土日の昼間に数倍多く聴かれていることが判明しました。「放送から時間が経ってからバズる神回」も珍しくなくなりました。

なぜこんな現象が起きるのかというと、SNSの効果です。

生放送を聴いたリスナーが番組のハッシュタグをつけてリアクションをTwitter（現・X）に投稿することで、「反響の可視化と拡散」が生まれるのです。トレンド上位に上がった番組の話題は、そのままネットニュースに取り上げられ、さらに多くの人の耳に届く。

生放送には「リアルタイムにどんな話が飛び出すかわからないドキドキ感を、同時に聴いている他のリスナーと一緒に味わう」という面白さがありますが、それは同時に「聴いてみないと、その回が面白いかつまらないかはわからない」という不確実性も伴います。その不確実性を受け入れて2時間の生放送に立ち会ってくれるリスナーは、本当の意味でのコアリスナーでしょう。ただ、コアの数を広げるのは限界があります。

その点、普段からそれほどラジオを聴いていない人たちにとって、あらかじめ番組の評価がわかれば、「話題の放送回を聴いてみよう」と安心して自分の時間をラジオに捧げることができるでしょう。

こうして気軽に立ち寄ってくれる人たちが増えることが、ラジオの聴取数を増やすことと直結します。ラジコは、ラジオを周辺から盛り上げてくれる「ライトリスナー」の拡張につながったのです。

長らくラジオの弱点と言われてきた「アーカイブ性」と「反響の可視化」が、ラジコの登場によって実現したのです。

思えば「アーカイブ」などなかった1990年代、深夜ラジオは寝てしまうと2度と聴けなくなってしまうもので、そのためにカセットテープやMDに録音して、仲間内で貸し借りをしていました。どのラジオ番組が面白いかは、学校の中でラジオを聴いている友人をなんとか見つけて、翌日に口コミで伝え合うしか方法はありませんでした。

2000年代になってもニコニコ動画に違法にアップロードされたラジオ番組を聴く文化が少しだけあったのと、番組の評判は2ちゃんねるのラジオ番組板を見るぐらいしかなく、まだアンダーグラウンドな空気感でした。

それが「タイムフリー」と「SNS」によって、今までのラジオ文化は鮮やかにアップデートされました。

ただし、こうした環境変化の恩恵はライバル各局も平等に受けるわけであり、ここから差をどうつけていくかがポイントになります。

僕たちは積極的にSNSを活用する施策を強化し、数字に対する意識を変えていきました。

ハード面や環境の変化が、企業や業界の将来を左右するのはよくあること。ただ、それだけでは本当の意味でタフに生き残ることはできないのだと思います。その変化に必死に食らいつきながら、地道に、愚直に、自分たちが何を守ってどう攻めるべきかを考え続けて、試行錯誤を繰り返していきました。

環境が急速に変わろうとするときには、同時に自分たちも変わらないといけない。変化を恐れず、いかに適応できるかが重要なのだと強く思います。

「番組ハッシュタグ」でリスナーの声が瞬時に見られるように

僕がニッポン放送に入った2007年の頃には、「ラジオ番組は、あくまでラジオ局のプロが作って、リスナーに届けるもの」という考え方が浸透していました。

番組を聴いてくださるリスナーは大切な存在だけれど、リスナーの意見を聴き過ぎるといい番組は生まれない。そんな価値観が長らく固定されていました。

そもそも、SNSが普及する前の「リスナーの声」の見え方というのは、放送局にかかってくる問い合わせの電話、番組に直接届くハガキやメール、ファックスという、ダイレクトにメッセージを受ける手段しかありませんでした。わざわざ番組にアクションを起こしてくださる方は、番組へのご意見、特に批判的な意見が多く、だんだんと真正面から受け止めにくくなってしまっていたのが実情でした。

この構造を激変させたのがSNSでした。

SNSでは、Twitterが「つぶやき」という言葉を使っていたことに象徴されるように、忖度のない素の感想が世の中に向けて発信されます。「面白い」も「つまらない」も全部フラットに見られるようになったのです（なお、「今日の○○、いつもよりつまらないなー」とわざわざ投稿してくれるリスナーさんからも、僕は番組愛を感じております）。

「リスナーは基本的に褒めることが多い。ネガティブな意見はなく、ポジティブな賞賛しかないから、本当の意味で参考になりにくい」という考えから、番組メールをなるべく見ないようにしているディレクターも多かったです。

しかし、SNSで率直な感想が可視化されるようになってからは、積極的にリサーチに活用するように。リスナーが一番近くにいるファンであり仲間。さまざまな社内事情などで番組の方向性がズレそうになったときにも、的確なアドバイスをくれる貴重な存在です。

一方で、熱心に発信するコアリスナーの声に寄り過ぎるのも、初めて聴くライトリスナーを遠ざけたり、番組として新たなチャレンジがしづらくなったりする危険性にもつながります。

あくまで客観的に、1つの指標としてバランス感覚を持って受け取る意識が大事だと感じています。

いずれにせよ、リスナーの意見の重要性は格段に増しました。これを効率的にキャッチする方法として導入したのが「日本語による番組ハッシュタグ」です。

自分自身のきっかけとなった番組は、2015年4月からディレクターとして担当した「オールナイトニッポンサタデースペシャル大倉くんと高橋くん」でした。福山雅治さんの放送枠であった土曜日の23時30分からの時間帯を受け継ぐ形で、大倉忠義さんと高橋優さんをパーソナリティに迎えて番組を始めたときに、番組の情報を発信する際に使うハッシュタグを「#大倉くんと高橋くん」で統一したのです。

それまでも番組共通のハッシュタグは決めていましたが、2010年代前半は日本語のハッシュタグが使えず、アルファベットや数字で決めるのが一般的でした。たとえばオードリーなら「オールナイトニッポン」の頭文字annと、春日さんのk、若林さんのwを組み合わせた「#annkw」など、アルファベットで統一していたのですが、パッと見たときのわかりづらさが課題だと感じていました（といいながら、オードリーは定着しているので今でもこのままです）。

そうした中で2014年4月から1年間放送された「ラブレターズのオールナイトニッポン0（ZERO）」は、溜口さんのカリスマキャラを際立たせるために番組のハッシュタグを「#カリスマラジオ」にしていたのです。これを見て、漠然とアルファベットだけでなく日本語が使えるようになったのかと感じていました。

通常ならば「大倉くんと高橋くん」は、番組ハッシュタグが「#otannss」になっていたと思います。この慣習を改め、「#大倉くんと高橋くん」とストレートな日本語表記にすることで、視認性は圧倒的にアップ。番組が人気になったことで毎週土曜日の深夜は「#大倉くんと高橋くん」がトレンドの上位にランクインすることになり、番組の感想が一気に集まりやすくなりました。以後、「#星野源ANN」、「#乃木坂46ANN」など、オールナイトニッポン関連の番組のハッシュタグは「パーソナリティの名前+番組名」の形に統一しています。

深夜27時からの放送枠「オールナイトニッポン0（ZERO）」は、以前はすべてのパーソナリティ共通で「#ANN0」という1つのハッシュタグを使っていたのですが、これも「#あのANN0」、「#JO1ANNX」など、パーソナリティごとに個別に設定。この小さな改革によって、ラジオリスナーだけでなく、彼らそれぞれのファンにも見つかりやすくなり、やがてリスナーの熱量の形成へとつながっていきました。

とつです。

SNS時代だからこそ
「変える」ではなく「続ける」

番組の「改編」に対する意識も、自分自身の中で根本的に変えようとしたことのひとつです。

ラジオ番組の中には何十年と続く長寿番組もありますが、基本的に夜の若者向けの時間帯の番組は、数年単位で入れ替わっていくものがほとんどでした。オールナイトニッポンも1～2年単位でパーソナリティが入れ替わる改編が頻繁にあり、特に「オールナイトニッポン0（ZERO）」は、毎年、全番組を改編するのが定番となっていました。

しかし、リスナーの声が可視化され、どんな人がどんな思いで聴いているのかが以前よりわかるようになってから、次第に「改編は本当に必要なのだろうか？　それほど望まれていることなのだろうか？」と疑問を持つようになりました。

毎週楽しみしている固定リスナーが付き、スタッフとパーソナリティの関係性も熟してきたころに番組を終了する理由はなんなのだろうかと。

実はその理由は明確にわかっていました。かつてのオールナイトニッポンの〝残像〟が、この慣習を長引かせていたのです。

「オールナイトニッポンは、受験生が勉強の合間、夜中に眠い目をこすりながら自分の部屋で聴いているもの」――そんな20世紀のイメージが根強く残っていたために、「リスナーは受験生なので、毎年入れ替わる。だから新鮮なパーソナリティを毎年投入して、新しいリスナーを呼び込もう」と発想されていました。

ところが、この前提は根本から覆ることになりました。ラジコで取れる年齢層の属性のデータを見てみると、オールナイトニッポンのリスナーは、10代よりも圧倒的に20代の社会人が多いことが判明したのです。さらにタイムフリーを含めると30代、40代、50代以上の人たちもオールナイトニッポンを聴いてくれていることがわかったのです。社会人なら、1年ごとにライフスタイルが大きく変わることはほぼないはずなので、1年、2年、3年と番組に愛着をもって聴き続けてくれる姿が浮かびます。改編は望まれていない。むしろ「番組は続いてほしい」と願っているリスナーが多いはずだ。

新しい仮説を立て、数字が落ちない限りは、なるべく番組を継続していく方針を決めて、今に至ります。

その結果、時間をかけてじっくりと番組のコミュニティが育つようになり、20代中心のリスナーと相性のいいスポンサーを増やすこともでき、機が熟したタイミングでの番組イベントの成功にもつながっています。

リスナーは「入れ替わる」のではなく、「増え続けていく」ものと狙いを定め、番組を応援してくれる人を増やし続けるためにも「番組をやめない」という方針へと転換したことはいろいろな意味で奏功したと思っています。

同じように、番組作りのリーダー役となるディレクターに関しても、パーソナリティと同様に「入れ替える」のが良しとされていました。

1人のディレクターではどうしても企画の引き出しに限界があるのは事実です。番組のマンネリ化を防ぐために、ディレクターを数年おきに変えることがかつての常識でした（もちろん、会社組織として必要な人事異動の意味合いもあります）。

ディレクターを変えるデメリットとしては、リスナーにおなじみの雰囲気が引き継がれなかったり、パーソナリティやゲストとの関係性の蓄積が途絶えたりする点が考えられましたが、それも「特に問題はない」とされていました。

なぜなら、先に書いたように「リスナーは受験生中心で毎年入れ替わる」という前提があったからです。

しかしながら、この前提は崩れました。リスナーの大多数が「継続組」であり、継続組の盛り上がりが新規リスナーを呼び込む。この図式を新たな前提とすれば、ディレクターもむしろ頻繁に変えない方針を基本とするほうが理にかないます。

番組作りに携わるスタッフが時間をかけて独自のカルチャーを育てていくことで、「去年の今頃は……」とか「あの時も!」といった会話のやりとりが生まれ、一体感が醸成されていくものです。

あまり内輪ネタに偏ってもいけませんが、盛り上がりの熱が高いほど、その熱が周りにも伝播し、「なんだか面白そう」と覗きに来てくれる新しいリスナーも増えていきます。SNSのハッシュタグ付きの投稿がたくさん集まってトレンド入りしたときには、特にその効果が広がり、ラジコのタイムフリー再生数もぐんと上がります。

SNS時代にこそ、せっかく温まった熱を冷まさない、薪をくべ続ける戦略が吉と出るのだろうと実感しています。

ラジオは「新しいニュース」が生まれる場所

2010年代前半は、2章に書いたようにネットメディアとの付き合い方にかなり悩んだ時期がありました。ラジオの生放送中に、ツーカーのリスナーと分かち合う「密室」の雰囲気の中で話して盛り上がった会話の中の、言葉だけが面白おかしく切り取られてネットニュースに上がる。目を引く見出しが拡散されて、ラジオの文脈を知らず、わざわざ聴きに来ようともしない人たちからのネガティブコメントが集まってSNSで〝炎上〟する。パーソナリティの中にはネットの反応に敏感になり、ナーバスになる人も出てきました。

とはいえ、「ニュースにしないでください」と言ったところで止むわけもなく、どうにか策を打たなければ……と考えていました。

そして、生まれたのが逆転の発想。いっそのこと「ニュースになる」という前提で、ラジオを作ると考えることにしたのです。

ラジオの生放送は会員制の個室の中で語られる密室トークではなく、通りすがりの誰もが立ち寄れる公開トークであることをパーソナリティに再認識してもらったうえで話してもらうように。むしろ、「自分を応援してくれる皆さんに知ってほしいことを、きちんと自分の言葉で語れる場」として、オールナイトニッポンの時間を活用してもらいたいのだと伝えました。

この価値観が徐々に浸透していった結果、パーソナリティご自身の結婚の報告やお子さんの誕生など、個人的な大切な報告をオールナイトニッポンの放送で語ってくださる例が増えていきました。おめでたいご報告以外にも、何か世間を騒がす出来事があった後に、自分の言葉で説明をしたいというときの発信場としてオールナイトニッポンを使ってもらえるシーンが増えていきました（もちろん説明できないケースもあります）。

名前も知らない記者たちの質疑に応えるやりとりを通して世間一般に意思表明する「記者会見」のスタイルよりも、まずは普段から自分の話を聴いてくれているリスナーに対して自分の言葉で語るほうが、ご本人にとっても納得感があり、安心感もあるのだと思います。

こうした事例が増えるに伴なって、他社のメディアから取材の依頼が来たり、「放送中の音声データを貸してほしい」といった相談を受けたりする頻度も増してきました。本人の言葉をそのままストレートに聴いてもらうほうがいいだろうという広報チームの判断で、「ラジオの音声は積極的に貸し出す」という方針へと切り替わりました。拡散されるなら、自分が言った「生の言葉」が声色や間合いも含めてそのまま広がるほうが、パーソナリティ本人にとっても受け入れやすいはずだと思えましたし、テレビを通じて発言を視聴した人が興味を持ってラジオを聴きに来てくれるという効果もありました。

「勝手に記事に書かれて泣く」のではなく、「公式の発信場所」として〝一次情報の提供元〟として堂々と立ち振る舞うと決めると、いろいろな施策が浮かんできました。

放送がゴールだと思っていましたが、放送を起点としてネットニュースやワイドショー、SNSなど二次的な広がりが生まれる。ならば、「オールナイトニッポンのことを誰よりも理解している自分たちが記事を出せばいいのでは？」という発想から、自社メディアも生み出し、自前で記事も出すという取り組みも行っています。

マスメディアの一員であるラジオ局はあくまで「情報を集めるプラットフォーマー」という役割を担っているものと思い込んでいましたが、実は「情報が生まれる場所＝コンテンツ側」の立場にもなり得るのだという発見は、自分たちにとっては視界が開けるきっかけとなりました。

オールナイトニッポン発の面白い企画をどんどん仕掛けていこう！　というクリエイティブなカルチャーの醸成にもつながっていったと思います。

山下健二郎さんの「好きなものをカタチにする」チカラ

2015年4月から4年間、金曜日のオールナイトニッポンを担当された三代目J SOUL BROTHERSのパフォーマーである山下健二郎さんとの仕事も印象に残っています。

山下健二郎さんは、釣りをはじめ、バイク、スニーカー、キャンプ、バスケットボール、DIYほか、とにかく趣味や興味の領域が大きく好きなものがたくさんある方でした。ディレクターとして向き合っていた僕は、「どんどん自分の好きなものを発信していきましょう！」と提案し、実際に健二郎さんはオールナイトニッポンで好きなものを次々と発信をしてくださいました。すると、ラジオだけでなく、次々とその好きなものにまつわる仕事のオファーが増えていったのです。

番組が始まって、すぐに健二郎さんが「ミニ四駆（電池で走る自動車模型）」が好きだったという話題となり、ミニ四駆にまつわるコーナーを立ち上げました（僕も小学生の時に公式の大会に出るほどハマっている時期がありました）。毎週、ミニ四駆にまつわる話題を取り上げ、実際に作ったマシンで大会に出場するなど盛り上げていたところ、番組を聴いたミニ四駆の発売元である「ＴＡＭＩＹＡ」の広報の方から連絡をもらい、番組でコラボ企画を実施することもありました。その後、「ＴＡＭＩＹＡ」から初となる公式ムック本が出版されるときに、健二郎さんが表紙とインタビューで起用されたのです。

（本屋でそれを偶然見つけたときは驚いたと共にすごく嬉しかったのを覚えています）

ほかにも、毎週のように番組で釣りについて熱く語っていたり、YouTubeなどで釣りの魅力を発信したりした結果、釣りファンの拡大、釣りのイメージ向上に貢献した著名人に贈られる「クールアングラーズ・アワード」という、釣り好きの方なら誰でも知っているだろうアワードに選ばれるといった嬉しい出来事もありました。

その後も、僕がイベント部署にいた時代に山下健二郎さんの好きなアーティストや芸人さん、そして好きなものの展示などが詰まったイベント「山フェス」というイベントを提案させていただきました。こちらは評判がとても良く、２０２５年1月に横浜アリーナでの6回目の開催を迎えました。

山下健二郎さんとの仕事を通じて、僕は「好きなものを発信する」ことが次の展開に結びつくのだ、ということを体験することができました。

番組スタッフが裏でゲラゲラ笑う理由

ディレクターをしていた頃、自分には良くない部分がたくさんありました。「ディレクターは全てを決める」というイメージを守るためにでしょうか……、あくまで上からスタジオをコントロールする役割として、放送中はスタジオとガラス1枚隔てた副調整室で気難しい顔をしながら見守っているべきなのだと、僕自身もとらわれていました。

ちょっと信じられないと思いますが、スタジオでしゃべっているパーソナリティや作家の耳元に指示を送れるトークバック機能のボタンに指をかけ、「今のやりとり、全然面白くないです」とかディレクターがスタジオにダメ出しを入れることは珍しくありませんでした。そんなやりとりをADとして長年見ていたからだと思いますが、ディレクターはスタジオを盛り上げるというより、プレッシャーを与える係なのだと思っていました。

それが凝り固まったひとつのイメージでしかないのだと気づかされたのは、TBSラジオの放送現場を見学させてもらったときのことです。

「めちゃくちゃ笑ってる……！」

副調整室にいるディレクターがゲラゲラと声を出し、時に手を叩いて笑っているのです。へぇ、これもアリなのか。まったく文化が違って見えたので新鮮でしたが、このときはあくまで他局のやり方として、自分事にまで考えられていませんでした。

しかしその後、またしても先輩ディレクターの宗岡さん（91ページを参照）によって、僕の視界は開かされたのです。

2015年4月、作家の朝井リョウさんと歌人で小説家の加藤千恵さんを迎えて「朝井リョウと加藤千恵のオールナイトニッポン0（ZERO）」をスタートすることが決まった際、どうしても番組に関わりたかった僕は、ディレクターである宗岡さんに無理やりお願いし、ADとして現場に入らせてもらいました。

すると、笑う笑う、ゲラゲラ笑う！　え、うちの会社でもアリなんだ……と驚きました。宗岡さんはTBSラジオのディレクターのようにとにかく笑うし、トークバックでさらに番組が盛り上がるようなワードを的確に入れていきます。

さらに同じ時期、土曜日の深夜は、僕は第3スタジオで「オールナイトニッポンサタデースペシャル大倉くんと高橋くん」のディレクターを、宗岡さんが第2スタジオで「オードリーのオールナイトニッポン」を担当していたわけですが、フロアの反対側にある2スタから僕たちがいる3スタまで、宗岡さんの笑い声が聞こえてくるのだからそれは本当に衝撃でした。

ディレクターだけじゃなく、音の調整をするミキサーさんや作家さんも一緒に盛り上がっている様子が伝わってきて、「あ、これでいいんだな」と思えました。オードリーの番組は当時からしっかり結果も出ていましたから、ディレクターも一緒に笑って盛り上がる番組作りが間違っていないことを証明していました。

自分の固定観念に気づき、それを捨ててもいいとわかった僕は、放送中の副調整室ではできるだけ楽しい雰囲気、朗らかな雰囲気を醸すことを心がけるようにしました。

今思えば、忙しい合間を縫って来てくれているＡＫＢ48のような若いアイドルに対してピリッとさせるのもおかしかったなと反省します。やはりディレクターが笑っているほうが、パーソナリティもリラックスして自分の言葉で話しやすくなる様子がガラス越しにも伝わってきました。

パーソナリティが委縮せずにのびのびと話せる環境をつくることで、結果として番組がより面白くなり、リスナーに「また来週も聴きたいな」と思ってもらえるものになるはずです。プロデューサーの立場になった今もディレクター陣には「どんどん笑ってあげてください」と伝えています。

星野源さんが壊してくれた「裏方は登場しない」の固定観念

ほかにもラジオにおける番組スタッフという裏方の役割が、徐々に変わってきたことを実感した話があります。

かつてのラジオの制作現場では「リスナーに対して『皆さん』と呼びかけてはいけない。『あなた』と呼ぶのが正解です。なぜなら、ラジオはパーソナリティとリスナーが〝1対1〟で向き合うメディアだからです」と言われていました。この教えは、ラジオ業界で働く人なら一度は聞いたことがあるはずです。

僕より上の世代の先輩方が出ているインタビューには、この一説が登場することが多く、自分自身も先輩方からこのような教えを伺ってきました。

「あなた」と二人称で呼ぶのがふさわしいメディアであるという本質は、今も変わっていないと思います。ただ、この「1対1のメディア」という概念が強く浸透していたことによって長らく敷かれていたタブーは、この10年ほどでかなり解禁されていきました。

そのタブーこそが、「スタッフは番組に出てはいけない、しゃべってはいけない」という不文律です。「パーソナリティとリスナーが結び付く1対1の関係を邪魔してはならない」という考えのもと、〝裏方〟であるスタッフ（ディレクターや作家）が表に出てくるのはご法度。まさか番組の演者のひとりとしてしゃべるなんて、絶対NGだったのです。

ADを担当していた「東貴博のヤンピース」で、ADがゲストの方をラップで紹介するという企画をその日たまたまやることになり、僕がスタジオに入ってラップで紹介していたところ、当時のチーフディレクターが鬼の形相で副調整室で睨みつけて、烈火のごとく激怒しました。放送後にディレクターと共にこっぴどく叱られたことを覚えています。それぐらい裏方が放送に出ることに敏感だったのです。

おそらく「パーソナリティ」と「リスナー（あなた）」という1対1位の図式を壊す、番組スタッフの登場は許されるものではなかったのだと思います。

そうした中で2016年3月から放送開始した「星野源のオールナイトニッポン」では、星野さんが絶大な信頼を置く作家・寺坂直毅さんが番組に登場して、星野さんと軽快なトークを繰り広げるという構図が当初から展開されていました。星野さんは誰に対してもフラットに関わるコミュニケーションを大切にされているので、ご自身が信頼する作家さんに番組内で声をかけるのは、ごく自然ななりゆきでした。

　そうした中、あろうことか当時ディレクターだった僕は、星野さんに作家さんが話すことはやめてもらいたいと話してしまったのです。ニッポン放送のオールナイトニッポンはこういうものだという固定観念に自分自身が凝り固まってしまっており、リスナーに届く面白い放送は何かを考えるよりも先に固定観念をぶつけてしまったのです。星野さんは僕の意図を汲んでくれながら新しいラジオの形を模索してくれました。

　その後も、星野さんは自由なスタイルを貫き、番組では楽器を狭いスタジオに入れ込んで生ライブを行ったり、寺坂さんや番組スタッフが番組内でそれぞれのコーナーを持ったり、スタッフ総出でラジオドラマに挑戦するなど、既存のラジオの固定概念に囚われることなく、さらに盛り上がりを見せ、２０１７年には星野さん個人として、ギャラクシー賞・ラジオ部門ＤＪパーソナリティ賞を受賞し、大人気番組へとなっていきました。「オールナイトニッポンはこうあるべき」というものを星野源さんと番組スタッフが鮮やかにアップデートしてくれたと思います。

「パーソナリティ」「リスナー」「スタッフ」の三角形が誕生

裏方が出ることに対して、方針転換ができたのは、やはりSNSのおかげでした。裏方の登場やスタッフの人格が出ることに対して、今までは必要ないという考え方でしたが、SNSで書かれる感想では、スタッフの登場をリスナーが楽しんでくれ、大きく受け入れてくれていることがわかったのです。

これによって、番組におけるパーソナリティとスタッフの関係性は大きく変わったと思います。決して表には出ない縁の下の力持ち的な存在の番組スタッフから、番組を一緒に盛り上げていく仲間、登場人物に変わったのです。

やはりSNSの浸透が大きなカギで、スタッフも個人のアカウントで番組の宣伝を発信するようになったことで、番組を作るスタッフの姿も世間に可視化されていきました。

どの番組をどのディレクター、どの作家が作っているのか。リスナーに知られる機会が増え、中には「この作家さんの番組を聴きたい」といったスタッフからの導線でリスナーが増える現象まで生まれたのです。少し前には信じられないことでした。

パーソナリティとリスナーが1対1という「線」でつながっていた世界から、スタッフも加えたトライアングル——つまり「面」でつながる世界へ。さらにこの三角形の面がSNSで可視化されることでコミュニティが育っていく。まるで1つの番組を一緒に盛り上げるサークルのようなコミュニティが生まれ、ラジオ全体の熱を高めていったのです。

ラジオがイベントに力を入れる意味

ディレクターとしてオールナイトニッポンに関わり、9年経った2016年に、僕にとって大きな転機が訪れました。イベント制作を担う部署への異動が発令され、僕はラジオ制作の現場を離れることになりました。

別部署と言っても、同じビルのフロアの階数が変わるだけだったので、職場の雰囲気にそれほど大きな変化はないだろうと思っていたのですが……衝撃を受けました。

だ・れ・も・ラ・ジ・オ・を・き・い・て・い・な・い！

ラジオを聴いて育ち、ラジオを作ってきた僕にとって、「ラジオをすぐに聴ける環境さえあれば、みんなラジオを聴いているものだろう」とばかり思っていました。メディアの勢力図が崩壊しかけた時代にあって、世間一般はそうでなかったとしても、せめてラジオ局の中ではみんな聴いているものだと。

しかし、6階に行ってみて感じ取った空気はその真逆。ラジオの話題がまったく聞こえてこないのです。全社共通のBGMとして、常に天井のスピーカーからはニッポン放送のラジオが流れているのですが、誰もその内容を気にしていないし、話題にもしない風景が広がっていました。

制作部のある5階にいたときは、昨日の放送がどうだったかとか、今日の放送をどうするかという話題で持ちきりで、2カ月に一度のスペシャルウィークが近づいてくるとお祭り騒ぎ。数字をとろうと、作る側も必死の形相で走り回り、狭い会議室に数時間こもって会議するのもざら。フロア中に熱気がこもっていました。

あんなに頑張っていたのに、6階ではあれ？ 今週はスペシャルウィークなんだっけ？ と社内ですら気にされていない。聴かれていないなんて……。世の中の人はなおさらだろう。僕はショックを受けると同時に、ラジオが直面している危機的状況を真摯に受け取るしかありませんでした。

イベント制作部門の人たちがラジオのために働いていなかったという意味ではありません。ラジオ局にとって貴重な放送外収入であるイベントや物販による利益を確保するため、企画書を必死に練り、西へ東へ奮闘する姿がそこにはありました。その中には、AMラジオの規模感では到底できないような音楽フェスや舞台、全国ツアーなどの仕事があり、ラジオありきになっていないのも納得するような業務内容でした。自分自身もその仕事の中に入ったことで、僕は「ラジオ」というビジネスの全体像をようやくつかめたような気がしました。

番組を作って、リスナーに届けるだけじゃない。番組そのものの価値を生かしたイベントをいかに設計できるか。裏を返せば、「この番組のイベントなら出たい、参加したい」と思ってもらえるだけのブランドを磨くことが重要なのだと気づかされました。「番組のブランディング」という意識が深まったのは、イベント制作部門で働いた2年間の経験あってのことだったと思います。

また、いい意味で謙虚な姿勢の大切さを再認識することもできました。

有名人がひっきりなしに立ち現れるラジオの制作現場は華やかで、その制作現場にいるとついつい〝勘違い〟してしまいがちです。

こちらから頭を下げてお願いするというより、「（あの有名人がたくさん出ている）オールナイトニッポンに出ませんか？」と、どこか〝上から目線〟で打診していた節があったかもしれません。連絡手段も電話やメールで、比較的気軽にコンタクトを取ることが当たり前なのが、制作部のカルチャーでした。

一方、イベントの部門では、勝手がまるで違います。イベントの出演とラジオの出演では、手間が格段に違い、お金も大きく動きます。ゲストやスポンサーに対しては「出演（協賛）をお願いに伺う」というのが基本姿勢で、電話やメールを丁重に入れたうえで、先方まで訪問して説明に伺うというコミュニケーションから始まります。

実際に、出演依頼をする中でやりとりをしていると、出演者側が持っている期待や希望がどこにあるのか、逆に、気がかりや不安はどこにあるのか、「ゲスト側の感覚」を常に考えるようになりました。この学びは、後に番組制作に戻ったときに大いに生きたような気がします。

「岡村歌謡祭」が教えてくれたリスナーの熱量

僕が異動した当時のニッポン放送主催のイベントといえば、番組とご縁のある旬のアーティストにお声がけをして、できるだけメジャーな豪華ラインナップを揃えて大きな会場でオムニバス形式のライブイベントを企画する形式が一般的でした。それが、テレビ局やラジオ局が企画するライブイベントの王道でした。

できるだけ多くの人にとって魅力的に映るイベントを企画するという、いかにもマスメディア的発想です。7000人、8000人、1万人規模の集客をするには、人気アーティストのブランド力をお借りすることが正攻法だという考えが浸透していました。

しかし、この常識を覆す新たな〝型〟の誕生を、2015年11月に、僕はこの目で目撃したのです。

この頃、僕はまだディレクターでしたが、先輩ディレクターである宗岡さん（91ページを参照）が企画した番組イベントを手伝うことになりました。

その名も「ナインティナイン岡村隆史のオールナイトニッポン歌謡祭」。ナインティナインの矢部さんが2014年9月に番組を卒業し、岡村さんが単独で再出発をすることになった「ナインティナイン岡村隆史のオールナイトニッポン」の1周年を記念して企画された初めての番組イベントでした。

会場はなんと横浜アリーナ。これまで1つの番組を冠してのイベントとしては、ニッポン放送の地下のイマジンスタジオを使っての100人規模の公開収録形式のイベントはよく開催していましたが、今回はまったく規模もコンセプトも違いました。

宗岡さん主導で準備が進んでいた企画の内容はとにかく画期的でした。番組を毎回聴いてくれるヘビーリスナーに向けた、「わかる人にだけわかる超内輪」の内容に振り切っていたのです。

約4時間、ずっと出ずっぱりの主役は岡村さん。代わる代わる出演するゲストは、番組の鉄板ネタや定番コーナーを彩る方々に限定していました。

当日、横浜アリーナには超満員の8000人が集結。そこでは見たことがない展開が次々と繰り広げられていました。

オープニングで、巨大な風船がどんどん膨らみ、パン！　と割れたその中から岡村さんが登場すると、一気に会場はホットに。その時点で泣いているリスナーが何人もいました。長年ずっと聴いてきたパーソナリティが目の前に実際にいる――考えてみればそれだけでものすごい体験が起こっているのだと感じました。

ＤＪ ＫＯＯさん（岡村さん扮するＤＪ ＴＡＫＡＳＨＩと共にパフォーマンス）に続いてステージに現れたのは、番組スポンサーである高須クリニック院長の高須克弥さん。さらに森脇健児さんが走って登場し、Ｍａｙ Ｊ．さんが番組でおなじみのナンバーを熱唱したかと思いきや、次に歌ったのは岡村さんの高校時代のサッカー部メンバーの栗野さん。一般の方ですがリスナーにとってはなじみが深く、「栗野コール」が巻き起こっていました。

次に会場を盛り上げたのは、シンガーソングライターの友川カズキさん。「ナインティナインのオールナイトニッポン」のリスナーなら知らない人はいません。岡村さんによる大好きな吉川晃司さんの曲の歌唱、出川哲朗さんによる矢沢永吉さんの曲の歌唱で会場が一体になった後に登場したのは、知念里奈さん。知念さんのデビュー曲「ＤＯ－ＤＯ ＦＯＲ ＭＥ」は、「ナインティナインのオールナイトニッポン」でたびたびかけていて、リスナーにとっても特別な意味を持つ1曲です。19年前の曲でしたが、まるでこの年の大ヒット曲かのように、「ワチャゴナ（What'Cha Gonna）」の大合唱が響いていました。番組の歴史と自分の人生を重ねているのでしょうか、中には号泣している人もいました。とにかくリスナーに寄りそったイベントでした。

「広く浅く」ではなく「狭く深く」

ラジオ局による音楽イベントは、「マスメディアならではのネットワークを駆使して、旬でメジャーなアーティストを呼んでくる」、つまり、アーティストのブランドでお客さんを集めるものだと思い込んでいた僕にとって、「岡村歌謡祭」の光景は衝撃でしかありませんでした。

集まった8000人は、番組そのものを深く楽しむために来ている。もっと言えば、「岡村隆史さん」と時間を過ごそうと集まっているのだと感じました。

そして、圧倒的な熱量の高さ。オムニバスライブとは比較にならない、リスナーの一体感がありました。

「狭く深く」というキーワードが、実感を持って浮かぶようになったのはこの日がきっかけだったかもしれません。

長らくラジオはマスコミだと言われ、「広く浅く」を目指すものだと考えていました。日本中あまねく、1億2000万人に届いてこそラジオとしての成功なのだと。

けれど本当は1億2000万人に届けなくても、届かなくても、番組を通してつながる8000人に深く届けることができれば、熱量は何十倍、何百倍にもなるのではないか——。

実はこの仮説は、前年の2014年に開催された「オードリーのオールナイトニッポン5周年記念　史上最大のショーパブ祭り」でもうっすらと感じていたことでした。

これも同じく宗岡さんがディレクターをしている番組のイベントで、オードリーの2人が売れる前の原点である新宿のショーパブ「そっくり館キサラ」の世界観をコンセプトにしたもの。番組ではおなじみのショーパブ芸人が次々と登場し、5000人が入る東京国際フォーラムホールAのチケットは即完売したのです。

「狭く深く」に振り切ることによって生まれる熱量の高さこそ、これからのラジオの活路かもしれない。そんな可能性を感じざるを得ませんでした。

イベント制作部署に異動後は、イベントプロデューサーの役割を担うことになった僕は、岡村さんやオードリーのイベントを一緒に作りながら、この新しい価値の磨き方を模索していきました。

オードリー全国ツアーで見えた番組イベントの「型」

「狭く深く」という視点でリスナーと一緒に作りあげていく。それがどういうものなのか、ひとつ象徴的だったのが、「オードリーのオールナイトニッポン」の10周年イベントとして企画された全国ツアーです。僕はイベント制作の部署の時に準備を担当し、実際のツアーの時は番組プロデューサーとして関わりました。

全国のリスナーに会いに行きたい、というオードリーの2人や番組スタッフの希望が出発点となって、「5周年は東京国際フォーラムでやったから、10周年は全国ツアーでどう？」という半ばノリで始まった企画。ラストを飾る東京会場、日本武道館は確保できていましたが、地方会場についてはまだ白紙のまま、「全国ツアーをやる」ということだけが決まりました。

まずは北から札幌で会場を探してみたものの、開催まですでに1年を切っていたので会場はまったく空いておらず、札幌は諦めて青森にトライ。すると即座に取れてしまったのです、2000人の会場が。

決してアクセスがいいとは言えない青森に、はたして2000人も集まってくれるのだろうか……？　と、関係者の誰もが不安を覚えたはずですが、それさえも若林さんは番組でネタにして面白がってくれました。「青森は、札幌と仙台と秋田と岩手をつなぐ〝ハブ〟だから大勢集まるに決まっています」という僕の強引な理論を面白がってくれたのです。

他のエリアも同じような状況で、名古屋を目指したところ取れたのは一宮、博多を狙ったけども取れたのは北九州と、ちょっとずつズレる形でちぐはぐな全国ツアーの会場が決まりました。その間、会場が1つ決まるたびに、リスナーが面白がってくれるという現象が続きました。

世の中の常識ではすべての会場やゲスト、イベントの中身が決まってから一気に正式発表されるというのが通例だと思いますが「未完成の状態から全部見せて、リスナーと一緒に楽しむ」というのがオールナイトニッポンのイベントのスタイルになっていきました。

イベントの発案から実現までをリスナーに「全部見せる」という方法で盛り上がったこの全国ツアーのチケットはあっという間に完売。心配された青森会場も2000人の席が埋まりました。

その青森でのイベント当日、「皆さん、どこから来ましたか～？」という問いかけに応えてくれた人の中で一番遠い場所から足を運んでくれた人は、なんとサンフランシスコからのお客さんでした。

プロセスを全部見届けてきたリスナーには、会場に集まった時点でなんともいえない一体感が生まれます。すでに共有してきた体験があり、それが文脈となって、イベントを何倍も楽しめるし盛り上がるのです。

エンターテイメントは完成品を差し出すことではない。リスナーも一緒になって作り上げていくものなのだと、僕も学ぶことができました。この体験がのちにオールナイトニッポンの番組イベントを作っていくうえでの大切な下地になりました。

「1対1×多数」が成立するラジオ

「いや、岡田よ……」

これは、2019年3月に日本武道館で開催されたイベント「オードリーのオールナイトニッポン10周年全国ツアー in 日本武道館」の開演直後、若林正恭さんが最初に発した言葉です。

番組ではおなじみのオードリーのマネージャー岡田さんに対する〝苦情〟だったわけですが、会場に集まった1万2000人のリスナーの皆さんは爆笑。瞬時に「また岡田さんが何かやらかしたんだな」という文脈を察したわけです。

普段から番組を聴いていなければ、まったく意味不明の一言だと思いますが、それがエンタメとして成立してしまうのがラジオの世界。このときの「いや、岡田よ……」は、「狭くて深い世界観」を象徴する一言として、僕の記憶に刻まれています。

では、この「狭くて深い世界観」を育てるものは何なのか。

それはやはりラジオ特有の「つながり」でしょう。パーソナリティが2時間たっぷりと自分の言葉で語るトークに、同じ時間を過ごしながら耳を傾けるリスナー。声のメディア特有の効果として、不特定多数に向けた話であっても「自分に向けて語られている」という「1対1」の関係性を感じやすいメディアであることは、昔から言われてきました。実際には、パーソナリティと多くのリスナーを結びつける「1対1×多数」が成立するメディアがラジオです。

一人ひとりのリスナーが、その人なりに置かれている状況や抱えている気持ちによって、パーソナリティの言葉を受け取り、「1対1」の結びつきを感じる時間。若林さんの言葉を借りれば、ラジオはひとつの「居場所」になれる存在なのだと思います。

ラジオがネット記事やテレビと比べて「炎上しにくいメディア」と言われるのは、リスナーとの関係性が「1対多数」ではなく、「1対1×多数」の形で成り立っているからだと思います。

ただし、この「1対1」の関係は、あくまでリスナーそれぞれが実感して楽しむものにとどまっていたのが従来のラジオでした。

21世紀に起きた変化。それはインターネットが普及し、さらにSNSが全世代の日常に浸透していったことで、この「1対1」の関係が〝可視化〟されるようになったという変化でした。

自分以外の誰かが、自分の好きなあの番組のことをつぶやいている！　同じところで笑ってる！　あのキャンペーンに参加してる！　そんな共感が生まれていきました。

ラジオネーム専用のアカウントを持っているリスナー同士が、番組放送中に「今、メール読まれましたね！　おめでとうございます」と称え合ったりという現象も生まれました。

あちこちに存在していたけれど〝見えない点〟だった番組リスナーの存在が、〝見える点〟となり、さらに点と点がつながって面になる。その面こそがコミュニティです。オールナイトニッポンの放送直後に、番組のハッシュタグがTwitter（現・X）のトレンド入りを果たすことも珍しくなくなりました。

ラッキーだったのは、2010年にリリースされた「radiko（ラジコ）」のアプリ内に「チャット機能」や「コメント機能」がなかったことです。

YouTubeやインスタライブには、視聴しながら感想を書いて交流できるチャット機能がありますが、ラジコにはありません。ラジコで番組を聴いた人が感想を投稿したくなったり、誰かにおすすめしたくなったりしたときに取れる方法は、「ラジコではない外のＳＮＳ」に書き込むしかないのです。結果的に、ラジオ番組に関するコメントがＳＮＳ上に溢れ、盛り上がりとして可視化され、さらに話題になる現象が生まれました。

たとえば、深夜の生放送が聴けなかったパーソナリティのファンが、Ｘでの盛り上がりを見て、ラジコのタイムフリーで聴きに行くといった聴取行動が増えていき、ライトリスナーにも届きやすくなったのです。

「オールナイトニッポン」プロデューサーの役割

イベント制作の仕事を2年ほど経験した後、2018年4月、僕は編成部に異動し、オールナイトニッポンのプロデューサーという立場を担うことになりました。

ただし、「前任」と呼べる先輩はいませんでした。というのは、番組全体を取りまとめるプロデューサー職はこのときの組織変更によって、初めて明確に置かれたからです（今までは制作部の副部長や部長が事実上のオールナイトニッポンのプロデューサーでした）。

この時の組織変更は、ニッポン放送としても大きなものでした。1954年7月の開局から60年以上にわたって番組制作の中心を担ってきた制作部が廃止されたのです。それまでは制作部の社員ディレクターと外部の制作会社のディレクターさんと連携して番組作りを行っていたのですが、制作体制を一新。スポーツ中継や報道系など一部の番組を除き、一般番組のディレクターは全て、外部の制作会社に委託することになり、社員は番組プロデューサーとして、番組を支える立場となりました。

これは一見、ネガティブな流れのようですが、前章で書いた通り、2010年代半ば以降、ラジコやSNSの普及によってラジオを取り巻く外部環境は大きく変わろうとしていました。番組制作をアウトソーシングすることによって、社員のリソースを番組から生まれるコンテンツ制作やマネタイズの方に注力することになったのです。実際に普段の番組はディレクターにお任せして、番組プロデューサーは、番組の中長期的な展望を考えたり、営業セールス、イベント立案、デジタル展開など放送を強くする施策の方に取り組むことになりました。

自分自身も、一度イベントの企画・制作に深く入り込んだことで「ラジオが持つ本来の力や価値」を僕なりにつかみかけていました。

逆転するなら、今しかない。

そんな使命感を、無意識に背負っていたような気がします。

では何をするのかといえば、「変えていく」しかありませんでした。会社を変えるのか？　上司を変えるのか？　いえ、そんな大層な革命を起こそうとしたことは一度もなく、僕は僕自身の意識と行動を変えようと思いました。

まずは自分自身をアップデートしていこう。そうすれば自然と、会社の環境や周りの人たちの意識にもポジティブな影響を与えられるのではないだろうか。そうして僕は、いろいろな面でのアップデートを始めていきました。

アップデートというと難しそうに思われるかもしれませんが、言い換えれば「発想の転換」です。「ラジオとはこうあるべきだ」「こうしなければラジオは作れない」といった、自分の中にある〝常識〟を捨てて、新しいラジオのあり方をクリエイトしていく。

業界が順風満帆だったら思いつきさえしなかったであろう新たなトライアルが、次々と生まれました。スタッフはもちろん、リスナーの皆さんも一緒になって試行錯誤してたどり着いた新たな解がたくさんあります。

ラジオ局の垣根を超える ライバル「JUNK」との生電話

2021年までテレビ東京の会社員としてプロデューサーを務め、「ゴッドタン」「あちこちオードリー」などヒット番組を立ち上げ、今はフリーのプロデューサーとして活躍中の佐久間宣行さんは、2019年4月から「佐久間宣行のオールナイトニッポン0（ZERO）」のパーソナリティを担当しています。

実は、佐久間さんがオールナイトニッポンのパーソナリティを務めるということ自体も、少し前のニッポン放送では「あり得ない」事案でした。フジサンケイグループ系列であるニッポン放送の番組に、他局系列の現役社員をパーソナリティとして迎え入れるとはあり得ない！　という考え方です。

他局は競い合うライバルであり、切磋琢磨はすることはあっても一緒に協力して何かをやるということは、なかなか難しい状況でした。僕もディレクター時代に何度か他のラジオ局とのコラボ企画を考えたこともあったのですが、上司に相談するとけんもほろろな反応でした。

そうだよな、ライバルだもんな。と、ディレクターだった時の僕は、他局とのコラボ企画を先に進めることができなかったのですが、プロデューサーという立場になった2018年の秋に、自分の中の「べきの壁」に大きなヒビが入る出来事がありました。

ナインティナインの岡村隆史さんが週刊誌に記事が出た直後の「ナインティナイン岡村隆史のオールナイトニッポン」の放送中のことでした。

番組ディレクターから「『おぎやはぎが、実際のところどうなのかって、岡村さん本人に今聞きたいと言ってる』というメールがたくさん届いています!」と言われたのです。TBSラジオが放送する同時間帯の裏番組で長年のライバル関係にあった「JUNK」に出演中のおぎやはぎの2人のトークを聴いたリスナーが、オールナイトニッポン宛てに送ったメールでした。

「これ、場合によっては、TBSラジオとつなげますか?」とディレクター。連絡先を知っていたJUNKのプロデューサーに電話をしたら「待ってました」とばかりにすぐにつながりました。「どうですか?」と探ると、「こっちは全然いけますよ」という答え。

おそらく、局内外への事後報告を覚悟してJUNKプロデューサーである宮嵜守史さんの内心もビクビクしていたはずですが、「リスナーが喜ぶなら」という共通の大義に乗っかって、思い切ってつなぐことにしたのです。岡村さんからTBSラジオ側に電話をして、おぎやはぎさんと直接話すという展開が実現しました。

結果として、オールナイトニッポンとJUNKが局の垣根を越えて、同時に表裏で聴けるというスペシャル展開に、リスナーの皆さんは大興奮。「ライバル関係」なんて内輪の人間たちだけが気にしているだけで、リスナーにとっては関係ないんだなということも実感できる出来事でした。リスナーの反響がよかったということで、社内のお咎めもありませんでした。

こうした動きもあって、社外や業界外の人から「オールナイトニッポンは、明らかにパラダイムシフトしているよね」と言われることが多くなりました。

「#このラジオがヤバい」で気づいた熱量の上げ方

ラジオ業界全体が沈もうとする危機的状況の中で、互いに足を引っ張り合ってどうするのか。むしろ我々のライバルは、同じ業界の他局ではなく、リスナーの可処分時間を奪うのに十分なYouTubeやTikTok、インスタグラムなど新しいメディア、SNSではないのか？　目指すべきは共存共栄ではないか。

そんな業界共通の危機意識がラジオ各局の連帯を強めていきました。

特に、個人的にも思い入れがあるのが、2019年2月から9月にかけてNHKと当時の全民放ラジオ101局で一斉に展開した「#このラジオがヤバい」キャンペーンです。日本民間放送連盟ラジオ委員会とNHKラジオセンターが協力して実現したもので、各局のパーソナリティやスタッフが「#このラジオがヤバい」という共通のハッシュタグで、イチオシのラジオ番組やコーナーをSNSに投稿する企画で、新たなリスナー発掘を目的としたものでした。

CHAPTER 3

「SNS」と「イベント」がラジオを身近な存在にした──2010年代後半の「復活」

最初の1週間だけで14万ツイートが集まるなど大いに盛り上がり、ゴールデンウィークには、NHKと全国101局の民放ラジオの合同番組「今日は一日〝民放ラジオ番組〟三昧～#このラジオがヤバい～」という6時間の特番が放送されたり、投稿された内容をもとに中高生向けの冊子も制作して、全国の学校に配布。局の垣根を越えた大掛かりな取り組みは、関係者も多くヘビーではありましたが、僕を含め同年代の在京ラジオ局のプロデューサー陣は、旗振り役として走り回りました。

結果的にこのキャンペーンの当初の目的だった「ラジオを聴いたことがない10代に、ラジオを聴いてもらう」という効果もあったのですが、それ以上に実は、「もともとラジオが好きな人が、もっと聴くラジオ番組が増えた」という反響がありました。

そして、このときに得られた「熱の温度をさらに上げる戦略」こそが、これからのラジオが生きる道なのだと、今あらためて感じています。

CHAPTER 4

「コロナ禍」の逆境がラジオを強くした

―― 2020年代の「全盛」

コロナでラジオづくりが一変した

ラジオ業界でオールナイトニッポンが再浮上を果たせた要因は、大きく2つあると思います。

1つは、3章で書いたようにSNSやラジコといった環境変化にいちはやく対応できたこと。

そして、もう1つは、2020年春先から世界を襲った「コロナ」という逆境の中で、「ラジオの力」に立ち返り、その本質的価値を磨き上げる新たな取り組みを積極的に進めたことです。

ラジオの放送とはどういうものかと思い浮かべるときに、おそらくほとんどの方がラジオ局のスタジオ、つまりラジオブースのマイクを通じて放送する様子を想起するのではないでしょうか。僕たちラジオ局の人間も、この形にずっとこだわってきました。ラジオはスタジオからやるもの、スタジオでやらない場合でもディレクターやミキサーが現地まで行って、一緒にやらないと放送はできない。そんな常識を、誰も疑っていませんでした。

しかし、「三密」を避けることが最優先とされる中、この常識が通用しません。ラジオを止めないために、僕たちも必死に頭をひねりました。

議論に議論を重ねて実現したのが、パーソナリティをラジオ局に呼ばず、それぞれのご自宅や事務所などに必要な機器を届けて放送してもらうという「リモート放送」。星野源さんや菅田将暉さん、ＳｉｘＴＯＮＥＳの皆さんなどが自宅や事務所などから生放送を届けてくれました。

幸い、コロナ渦の２０２０年には、デジタル機器の発達により誰でも簡単に放送できる機材が揃っていたのと、どんな場所でも通信環境もかなり整っていたので、始める前は懸念された音質の問題もほとんど気になりませんでした。ほとんどのパーソナリティの方がスタッフの同席も必要なく、１人でご自宅や事務所から放送してくれました。

この経験は、「ラジオ局から放送されなければラジオじゃない」という思い込みを完全に打ち砕くことになり、その後、ファミレスや海外からの放送にも挑戦し、「どこでもラジオブース」の時代へと転換することになりました。リスナーの方から「それはラジオじゃない！」とお叱りを受けたことは皆無でしたので、本当によい変化だったと思います。

「一緒に不安になりましょう」近づくリスナーとの距離

コロナ渦での放送対応は、新しい手法が生み出された半面、とにかく大変でした。まずクラスターを絶対に起こしてはならないので、番組スタッフは感染しないようにいつも緊張感を持っていましたし、スタジオに大量のアクリル板が導入され、ADやミキサーの皆さんは、放送の前後でそのアクリル板を消毒していたので、今まで以上に仕事が増えました。

もちろん、リモート放送のための機材の準備や事前のやりとりなどディレクターの負担も大きなものになっていました。

有楽町のスタジオの中では、地震でスタジオが揺れた場合は、速報を入れる必要があるため、リモート放送でパーソナリティがラジオブースにいない時には、プロデューサーである自分がスタジオの中に入っていました。実際にスタジオが揺れたときには震度計に沿って、地震速報を自分が読むということをしていたので、コロナ渦の印象というと生放送中にスタジオでじっとスタンバイしている瞬間のことを思い出します。

番組の再放送や放送休止という選択肢もある中で、オールナイトニッポンはなんとか日々の生放送を維持することができました。それはパーソナリティの皆さんと番組スタッフが創意工夫をして、その都度、臨機応変に対応してくれたからだと思っています。

そんな中、パーソナリティのトークにも変化が訪れました。オールナイトニッポンのフリートークと言えば、芸人さんならテレビ番組の収録の裏側や劇場での出来事、芸人同士での飲み会での出来事など、またアーティストや俳優さんもライブやドラマ撮影での裏側など、表の仕事の裏側を話すのが鉄板でした。

しかしコロナによってテレビ収録、劇場、飲み会、ライブ、撮影などがすべてストップしました。

すると、家から出れないことによって、トークの内容がよりプライベートなトークに変化したのです。

家でどのように過ごしているのか、どんなことを楽しみにして生活をしているかなど、今までもそういったトークはあったと思いますが、トークのメインがなんでもない話になったことで、パーソナリティとリスナーが地続きな生活をしているんだなと強く感じることができたのです。

その上、コロナによって先行きが見えない状況を、パーソナリティや番組スタッフ、リスナーが分かちあえたことで、連帯感が生まれました。今までラジオは楽しいことや面白いことを共有するものだというイメージが強かったのですが、コロナによって、不安なことや苦しいことも分かち合えるということが新たな発見でした。

かつて自分をラジオの世界に導いた「不安を共有することによって、少しだけ自分の気持ちが軽くなる体験」を思い出しました。

そうです「ヤンキー先生！義家弘介の夢は逃げていかない！」の義家先生は、まさに気持ちを分かち合う放送をやっていたのだと再認識したのです。

もう1つ印象的だったのは、2024年1月1日に発生した能登半島地震の時です。

多くの家屋倒壊が起き、避難所で過ごす人が多い中で、1月2日の放送は、「星野源のオールナイトニッポン」でした。この放送は、その年末に事前収録した番組を流す予定でした。

それが星野源さんからの発案で、急遽生放送に変更することに。番組スタッフも運よく全員集まることができました。

番組の中で星野源さんが発したのは「一緒に不安になりましょう」という言葉でした。

どうしてもラジオから発する言葉は、「頑張りましょう」とか「大丈夫です」という前向きな言葉になってしまう中で、星野さんが発した言葉は、不安な気持ちを共有するというものでした。この言葉は、本当に多くの人たちを支えてくれたと思っています。

前澤友作さんとつないだ「宇宙」からの生放送

コロナによってリモート放送が当たり前になる中で、スケールのまったく違う規模のリモート放送も企画されました。それは、ＺＯＺＯ創業者の前澤友作さんによる「宇宙」からの生放送でした。

２０２１年12月、日本人として初めて国際宇宙ステーション（ＩＳＳ）に滞在する商業旅行に参加した前澤さんと、衛星通信を使ってつないでオールナイトニッポンのパーソナリティに挑戦するという試みとなった「宇宙から生放送！前澤友作のオールナイトニッポンスペシャル」は放送前から話題になりました。

深夜25時半から27時までの生放送の間、一瞬のチャンスをねらって国際宇宙ステーションと接続し、宇宙からのタイトルコールを聴けるときを固唾を飲んで待ち構えていました。深夜26時50分過ぎ、いよいよその時刻が迫り、有楽町のスタジオで待ち受けるアナウンサーの興奮も最高潮に。しかし……！

なんと、ロシアの宇宙船ソユーズとの接続が失敗に終わり、ＩＳＳとすれ違ってしまったのです。国際電話の向こうでは、ロシア語で緊迫感のある声が聴こえていますす

（当然、僕はまったくわかりません）。

次に接続できるのは、ISSが地球をもう1周する12分後になることがわかり、スタジオは大混乱。それだと番組が終わってしまいます。

この特番の次の番組となる深夜27時から放送予定の「高嶋ひでたけのオールナイトニッポン月イチ」の準備中だったスタジオに駆け込んで、「もう少しで宇宙とつながりそうなので延長させてもらえませんか」と懇願。さすが、1969年からオールナイトニッポンやニッポン放送の番組を続けてきたレジェンドアナウンサーの高嶋さんもご理解くださって、番組の15分間延長が急遽決定。

二度目のチャンスで無事に宇宙との衛星通信がつながり、ついに前澤さんのタイトルコールが！　前澤さんもホッとした様子で「まさに宇宙なう、という感じです。無重力の中でお話ししています」と、その声を届けてくれました。

まさに「生放送×リモート」という、ラジオの新旧の強みが生かされた放送となりました。

「体調不良」という想定外がチャンスを生む

生放送はアクシデントの連続です。

かつては、パーソナリティが急遽、体調を崩されて休演となると、関係各所の調整や代演のブッキングなど大変な状況になっていました。

このピンチをどう乗り切るか？！　知恵を絞って臨機応変に突破する柔軟な対応力が求められます。また、その「想定外の急展開」がうまくいったときには、リスナーはとても喜んでくれるので、ここは腕の見せ所になるわけです。

コロナ禍で「体調不良のときには無理をして稼働してはいけない」という〝ニューノーマル〟が広がった社会変化によって、当日、パーソナリティがお休みになるケースも多くなりました。

ピンチはチャンスです。いや、チャンスに変えるのがオールナイトニッポンの価値だと思います。「パーソナリティが当日になって欠席」という本来ならネガティブな事態であったとしても、「じゃあ、代わりに誰がしゃべるのか？」という話題に変え、リスナーの期待を超える斬新な放送回が生まれる可能性は十分にあります。むしろ、こうしたピンチに面したときにこそ、クリエイティビティが発揮されると言えるでしょう。

僕は、当日に番組のお休みが決まると、会社のパソコンでその日の「収録スタジオの予定表」「全部の会議室の予約内容」「駐車場の使用状況」をチェックするようになりました。この日にどんな人が収録や打ち合せでいらっしゃっているのだろう、もしかしたら急遽、パーソナリティを担当してくれるかもしれないと当たりをつけるからです。実際に駐車場の予約表を見て、オールナイトニッポンのパーソナリティを急遽、お願いしたケースもあります。

これも生放送ならではの魅力であり、価値。いつ起こるかわからない想定外をチャンスに変えられる筋力として、慌てずに柔軟な発想力やすぐに動き出せるフットワークを磨くことが重要だなと感じています。

コロナ禍だから生まれた「オールナイトニッポンX（クロス）」

コロナ禍で、夜間の外出がなくなり、おうち時間が増えたこともあり、ラジコで聴く人の人数は大幅に増加していました。その一方で、改編の考え方の項目で書いた通り、1〜2年で終わる番組が少なくなり、流動性の部分で少し足りない時期になっていました。

そこで深夜25時から放送のオールナイトニッポン、深夜27時から放送のオールナイトニッポン0（ZERO）に続き、第3のオールナイトニッポンブランドを立ち上げることを企画しました。

2019年から考え始めて、実現したのが2021年4月に立ち上がった「オールナイトニッポンX（クロス）」です。平日月〜金曜の24時〜25時の時間帯に、10代・20代のラジオにまだ触れたことがない人にも積極的に入ってきてもらえるようにと、企画されました。

オールナイトニッポンX（クロス）のX（クロス）とは、文字通り、ラジオ番組を軸に、

SNSや動画、画像など、さまざまなものと、メディアミックスするイメージでつけられています。

実際にオールナイトニッポンX（クロス）は、SHOWROOM（株）が手掛ける縦型動画配信アプリ「smash.」と組んでスタートしました。

初代パーソナリティは、グローバルボーイグループのENHYPEN、音楽ユニットのYOASOBI、YouTuberのフワちゃん、お笑い芸人のぺこぱという4組でした。

ENHYPENは、韓国を活動拠点に世界で活動する7人組の男性グループで、オールナイトニッポン50年以上の歴史の中で、初めて海外を拠点にするアーティストのレギュラーパーソナリティでした。

収録はすべて海外から行い、動画は英語版と韓国語版のテロップが入ったバージョンも展開するなど、ラジオ番組だけで留まらない展開を行いました。

実際にディレクターも作家も、有楽町のスタジオのアシスタントを担当してくれた、ひろたみゆ紀アナウンサーもレギュラー放送中は、オンライン画面越しでしかメンバーと会えなかったのですが、それでも1年間レギュラー放送を毎週お送りすることができました。

海外からオールナイトニッポンのレギュラー番組を担当するという発想は、コロナ渦にならなければ生まれなかった発想だったので、新たな発見になったと思います。

現在もオールナイトニッポンX（クロス）は、新たなリスナー開拓のための先陣を切って、日々放送に取り組んでいます。

深夜ラジオの生放送とポッドキャストの違い

21世紀に登場した新しい音声コンテンツが「ポッドキャスト」です。Spotifyなどのプラットフォームでは、さまざまな人、さまざまなテーマによるコンテンツがいつでも無料で聴ける時代になりました。

そんな音声コンテンツ全盛時代ともいえる今、オールナイトニッポンの価値とは何かといえば、やはり生放送ならではのドキドキ感、そして、その時間にリアルタイムで立ち会うリスナーの皆さんと共につくる一体感だと思います。

世の中が寝静まった深夜25時に、わざわざ集まってくるというだけで、秘密めいた〝仲間〟のような感覚が生まれますし、何が起きるかわからない展開を一緒に体感したいというワクワク感もあります。前澤友作さんの宇宙からの生放送（162ページを参照）などはその典型例でしょう。

ラジコのタイムフリー機能によって、オールナイトニッポンは「いつでも聴ける」コンテンツになりました。ただ、その〝初出〟の瞬間を一緒に体験したいというリスナー心理に応えるのが生放送です。

ですので作り手である番組スタッフたちは毎日毎晩、「その日じゃないと聴けない放送を届けよう」という気持ちで作っています。

そして、最近あらためて再認識しているのは、オールナイトニッポンは実はものすごいリッチコンテンツなのではないかということです。

旬のミュージシャンやお笑い芸人の方が1時間、2時間ぶっ通しで、しかも生で、しかも毎週、しゃべり続けるコンテンツなんて他にはありません。YouTubeやインスタライブではまず実現しにくいと思います。

逆に、「いつでもどこでも視聴可能」が基本設計となっているYouTubeに慣れている今の10代・20代にとっては、「深夜の長時間生放送」というスタイルが新鮮に映るようです。

オールナイトニッポンの放送内容のメインはトーク。パーソナリティの本業の話はもちろんのこと、本業以外のパーソナルな素顔や趣味など、よりその人の内面に向かったトークが繰り広げられる世界です。

だからこそ「ここでしか聴けない話」が詰まっていて、放送後に話題になる。結果、放送から何時間も経ってからタイムフリーで聴きに来るリスナーが多いのです。

オールナイトニッポンは、生放送と比べてタイムフリーのほうが5〜7倍近く聴かれていることからも、流しっぱなしにするのではなく「わざわざ聴きに来る価値」を感じてくださっているのだと受け止めています。

この価値を理解し、伝えていったことで、リスナーやスポンサーの方々にももう一度振り向いていただけるようになったのだと思います。

佐久間宣行さんがきっかけでスポンサーとの関係性が変わった

ラジオの価値が伝わり始めると、スポンサーとの関係性が深まるような出来事も増えていきました。

一般的にCMやスポンサーといえば、「番組の盛り上がりを遮断するコマーシャルを流す」「時に、番組の存続を握る存在である」といったネガティブイメージを持つ人もいるのではないでしょうか。

僕もいちリスナーとして少なからずそんな感覚があり、公共放送でCMが一切なかったNHK出身ということも相まって、「スポンサーは番組とは別のもの」という感覚をどこかで持っていたような気がします。そんな思い込みを気持ちよく壊してくれたのが、佐久間宣行さんでした。

佐久間さんの番組に初めてスポンサーのタイアップコーナーがついた時のことです。スポンサーはタクシー配車サービスの「DiDi」。限られた番組の時間枠を特定企業の宣伝に費やすタイアップコーナーは、ディレクター目線では「制限された」時間になりがちです。

ところがこのとき佐久間さんは、とっても明るく嬉しそうに「こんなおじさんにスポンサーがついたぞ～！」と歓喜の叫びをあげたのです。スポンサーは、味方なのだと、リスナーにもスタッフにも一気にポジティブな捉え方が共有された瞬間でした。「番組を応援し、味方になってくれるスポンサーとどんな面白い企画ができるだろうか？」という視点からあらためて発想してみると、ユニークな企画がたくさん生まれました。

これに連動してＤｉＤｉ提供のＳＮＳキャンペーンとして、「選ばれたリスナーと一緒にタクシーに乗って、移動しながら佐久間さんが人生相談に乗る」といったプレゼント企画も実現。企画としてもとても面白いコンテンツになりました。

今でこそオールナイトニッポン０（ＺＥＲＯ）やオールナイトニッポンＸ（クロス）は、スポンサーとタイアップする企画がどの番組でもさまざまな形で行われています。そのスタート地点となった、ＤｉＤｉのタイアップ企画は、若手営業部員だった永井さん（現在は、ミックスゾーンに出向し、ディレクター業務を行っている）が持ってきた営業案件を、ディレクターの石井さん（現在は（株）玄石代表取締役）と放送作家の福田さんが面白がって、番組のコーナーに落とし込んでくれ、それを佐久間さんが放送で盛り上げてくれたから実現した企画です。

発想を変えるだけで、リスナーもパーソナリティもスポンサーもハッピーな、まさに「Ｗｉｎ‐Ｗｉｎ‐Ｗｉｎ」の展開にできるのだとわかり、その後もさまざまなスポンサーへの提案に発展するに至ったのです。

「パーソナリティ」「リスナー」「スポンサー」「スタッフ」の四角形に進化

3章ではパーソナリティ、番組スタッフ、そしてリスナーがトライアングルになると書きましたが、これに「スポンサー」が加わり、番組コミュニティの輪は、トライアングル（三角形）からスクエア（四角形）に進化しました。

ラジオのスポンサーについて、もうひとつ紹介したいのはヒップホップユニット・Creepy Nutsが日本ケンタッキー・フライド・チキン（以下、ケンタッキー）のCMに起用されたときにリスナーも一緒になって盛り上がりが生まれたという事例です。

Creepy NutsのR－指定さんとDJ松永さんのトークが人気を博した「Creepy Nutsのオールナイトニッポン0（ZERO）」は2018年4月から放送開始し、2022年4月に1部「Creepy Nutsのオールナイトニッポン」に昇格しました。

発端は、Creepy Nutsの2人が番組内でケンタッキーの商品がいかにうまくて素晴らしいかの熱弁をふるったところ、その日のXトレンドに「ケンタッキー」が浮上。何事かと聞きつけた同社の公式Xアカウントが反応し、なんとその半年後にCM起用が決まったのです（まさかの展開に、僕も驚きました）。2人がまだメディア露出が多くなかったこともあり、俳優の高畑充希さんと共演する形でのテレビCM起用にリスナーは大変沸きました。同社の公式発表の直後に、Creepy Nutsの名前がどんどんトレンド入りしたので、僕はてっきり「何か事件を起こしてしまったのか？！」と本気で心配したくらいです。

番組で2人の口からCM出演の件が報告されると、リスナーはさらに祝福ムードに。この日からケンタッキーが番組スポンサーにもついてくれることになりました。そして翌日、想像をはるかに超えた現象が起きました。当時のCMで売り出されたケンタッキーの商品「ブラックホットチキン」を、各地のリスナーが地元のケンタッキーまで食べに行き、番組ハッシュタグとともに続々とSNSで投稿してくれたのです。

番組で盛り上がったネタがもとでCMが決まり、さらにリスナーが盛り上げる。自然かつ、理想的なプロモーションとなったことに、スポンサーも大喜びでした。

僕は番組プロデューサーとして、この事象を見守っているだけでした。

番組ディレクターの金子司さん（ミックスゾーン所属）と作家の福田さんが1つのトークをきっかけに面白く番組の中で盛り上がりを作ってくれ、結果的に世の中にまで届くコンテンツとなる。本当に2人は、番組への理解度が高く、どういう方向に導けばリスナーが喜んでくれるかなどを考えて番組を作ってくれています。

この頃から番組スポンサーに対してリスナーがSNS上で盛り上がってくれるムーブが起こるようになっており、先ほど紹介したような番組スポンサー＝番組を支えてくれる存在という関係性が強固になったと思います。

人気パーソナリティとなったCreepy Nutsですが、音楽活動に専念したいという希望から惜しまれつつ2023年3月に番組を終了しました。その後、1年足らずで「Bling-Bang-Bang-Born」をリリースし、世界中のヒットチャートを賑わせた2人は本当にかっこいいなと拍手を送りたくなります。

イベントで可視化される「静かな熱狂」

ラジオならではの「狭くて深い」リスナーの熱量を、いかに最大化させていくか。

２０１８年４月にオールナイトニッポンのプロデューサーになったときに、常に頭にあったのがこの問いでした。そして、明確に打ち出した方針のひとつが「１つでも多くの番組をイベント化すること」でした。番組開始から１〜２年後には、何らかの形でリスナーが参加できるイベントを企画するという方針です。

ナインティナインやオードリーなど、すでにイベント化が先行していた番組の成功例に立ち会っていた僕は、ここにラジオの未来があると直観したのです。

普段の放送では、各地に散らばっているリスナーが１つの会場に集まって、同じ空間で同じものを見て聴いて、感動を分かち合う。番組のリスナーにしかわからない〝究極の内輪〟というエンタメを一緒に体験する時間を提供する。

ラジオ番組のイベントといえば、「ニッポン放送の地下２階のイマジンスタジオで開催する公開収録に、１００人を無料招待します！」というパターンが通例でしたが、トップアーティストが何年も前から押さえるような大会場で、しっかりとチケット代金もいただいて、凝った企画をこれでもかと投入する。そんな新しい挑戦を喜んでくれるリスナーは、想像をはるかに超えて多かったのです。

僕がニッポン放送に入社した2007年には、まさか1つの番組のイベントが東京ドームで5万3000人集め、ライブビューイングを合わせて全国16万人も動員するなんて、想像もしませんでした。

たくさんのリスナーが喜び集まってくれると、自然と応援してくれるスポンサーも増えていきます。イベント会場での協賛ブースやスポンサーからのお土産が詰まった紙袋を渡すことなど、周辺の状況もどんどん充実していきました。

方針に沿う形で、佐久間宣行さんは1年目で下北沢の本多劇場で、Creepy Nutsも2年目で中野サンプラザでのイベントが実現しました。

もちろん、イベントの企画や準備にはかなり手間がかかりますが、大きなメリットとして「リスナーの盛り上がりが可視化される」という効果があります。名だたる会場でイベントが盛り上がっている様子が写った写真がSNSで流れたり、シェアされたりすることで、また、イベント前後の反響が話題になったりすることで、リスナーの熱が伝播していくのです。「盛り上がりの可視化」は、ライトリスナーをコアリスナーに変えるきっかけになります。

ラジオを聴いたことがない人にオールナイトニッポンを知ってもらうためのイベントだったら、全然違うものができあがるはずです。

しかし、目指すべきは、番組を楽しみに聴いてくれるリスナー、応援してくれているリスナーの期待に応え、驚かせて、喜ばせることです。

1億人に訴えるのではなく、100万人に訴えるのでもなく、すでにつながっている1万人にもっと好きになってもらう。

すでに熱を持っている人の熱をもっと高めるほうが、実は新しいリスナーを増やすことにもつながるのです。温度の低い1人を温めるより、すでに温まっている人の熱を高めて「静かな熱狂」を生み出すほうがいい。

なぜなら、人は圧倒的に「静かな熱狂」に引き寄せられるからです。イベントで目に見えるカタチになると「なんだろう？　ずいぶん楽しそうだな」と熱に吸い寄せられてくる人がだんだんと集まってくる。

この熱を高めていく過程そのものも、リスナーと一緒になって作り上げていくのが正解なのだと確信しています。

新しいリスナーを呼び込むのは「ほどよいオープンさ」

「狭くて深い」のがラジオのコミュニティの魅力だと書きましたが、それだけを追求していると内輪に向いていて、新しいリスナーが入り込めなくなってしまいます。

その点はかなり意識していて、番組作りにおいてもディレクターから各パーソナリティに、「自分を初めて知る人が聴いているかもしれないと思って、ちゃんと丁寧に説明していきましょう」とお願いしています。

AKB48や乃木坂46のような人数が多いアイドルグループが、スタジオにいないメンバーのことを話題にするときに、コアファンだけがわかる愛称で呼ぶのではなく、ちゃんとフルネームで紹介してほしいと話しています。細かい部分ではありますが、ちょっとしたことにリスナーは敏感に反応し、「自分にはついていけない」と拒否反応を示してしまいます。

毎回聴いてくれているコアファンを喜ばせることも大事にしつつ、初めて聴くライトリスナーも歓迎する。ほどよいさじ加減を目指しています。

オールナイトニッポンを放送している深夜帯には、全国でその時間を何かしらの理由で起きていて聴いている人がいます。それは長距離移動をされているトラックの運転手の方かもしれませんし、新聞配達の準備をしている方や朝の仕込み中のパン屋さんかもしれません。熱心な番組リスナー以外にも、耳を傾けてくれる人がいるからこそ、番組は初めて聴いた人にも入りやすい必要があると思っています。

オールナイトニッポンは、そのパーソナリティのファンの方だけではなく、いわゆる深夜放送を楽しみにしているラジオリスナーもいるので、元々のファンの人に加えて、そういった深夜放送のリスナーの人たちを巻き込むことができると、自転車の2つの車輪が回りだすように、番組の輪が大きくなっていくような気がします。

たとえば、女性から圧倒的な支持を集める男性パーソナリティが、だんだんと男性リスナー（特にハガキ職人と呼ばれるリスナー）からのメールが増え、ちょっと男友だち同士のノリに近いものが出てくるとよい傾向だったりします。

聴取属性が番組開始当初は女性中心だったのが、だんだん男性の割合が増え、男性からも女性からも大きな支持を集めて、人気番組になるケースが多いです。

『シン・エヴァンゲリオン』特番がついに実現

「好きなものがあると、いつか仕事になる」。僕の場合、それはアニメ作品の「新世紀エヴァンゲリオン」でした。中学2年生でハマって以来ずっと好きで、ニッポン放送に入ってからもファンであることを社内で言っていたところ、夢のような展開が実現したのです。

はじまりは2007年。「ヱヴァンゲリヲン新劇場版」シリーズとして再始動し、映画上映が決まったとき、僕がエヴァファンであることを聞きつけた社内の映画の担当者が、映画会社の人と引き合わせてくれたのです。ただ、そのときはまだ自分の企画力もなく、ミーティングをしただけで企画は何も形にならず。その後も2009年、2012年に続いた作品の上映時にもきっかけを作れないまま、僕は2018年にプロデューサーになりました。

そして2021年。新型コロナウイルス感染症の影響により公開が延期された完結編『シン・エヴァンゲリオン劇場版』がついに完成したとき、なんと映画宣伝側から「オールナイトニッポンと一緒に組みたい」というお話をいただけたのです。この頃にはオールナイトニッポンが映画公開に合わせて、コラボした特番を放送し、話題発信をすることができていたので、コラボレーションする価値を感じてもらえたのだと思います。

同年6月に放送した一夜限りの特番「シン・エヴァンゲリオンのオールナイトニッポン」では、3月に公開されていた同作の主要キャスト（声優の緒方恵美さん、林原めぐみさん、宮村優子さんや長沢美樹さんがスタジオに生出演しました）をゲストに迎えて、作品について語り尽くすというファンにはたまらない放送が実現したのです。

実は、オールナイトニッポンとエヴァンゲリオンの縁は深く、同作が初めて劇場公開された1997年にもコラボ放送をしていました。当時の放送を、高校生だった僕は夢中になって聴いていました。あれから24年越しに再び実現した放送にまさか僕が関われるなんて……当時の自分が知ったら卒倒したでしょう。

さらに裏話を披露すると、実はこの放送は当初、2021年の年始の特番の枠で予定していたものでした。もともと同作の公開予定がこの時期と発表されていたため、公開時期に合わせたプロモーションとして枠を確保していたのです。

ところが映画の公開が伸びたことで、劇場公開は2021年3月に延期。この時期は番組改編と重なり、枠がどうしても確保できず泣く泣く見送りに。しかし、その後、6月に興行成績100億円に向けてのラストランの盛り上げを行うことになったことから、「では、6月にやりませんか」という案が急浮上。さらによかったのは、すでに公開済みだったため「ネタバレOK」となり、ディープなトークが展開できたこと。2時間の生放送でたっぷり届けられるのも、ラジオならではです。まさにオールナイトニッポンでしかできない最高な形で、大好きなエヴァンゲリオンの放送を作れたことに、ただただ感動していました。

つい熱く語ってしまいましたが、この奇跡的展開は待っているだけでは僕のもとに回ってこなかったはずです。

はじめの一歩は、自分が好きなものを周囲に発すること。受け身でじっと黙っていても、誰も気づいてくれません。だから、若いディレクター陣には「好きなことはどんどん口にしたほうがいい」と伝えています。

好きな気持ちから生まれる情熱やクリエイティビティの爆発力にはすごいパワーがあります。ユニークなアイデアがどんどん湧き出て、周りを巻き込んでいきます。すると当然、いいものが生まれやすくなりますし、リスナーに喜んでもらえる成功確率は高くなります。

　好きだからこそ生まれる深い企画力をもとに番組を作る経験を一度でもできると、ディレクターとしてのセンスや自信が育つと信じています。そのプロセスを他の企画にも応用していけば、さらに腕が磨かれていきます。

　パーソナリティの皆さんを見ていても、自分が心から好きなものについて話しているときのトークはやはり面白く、話をしている横顔が輝いて見えます。そんな話を聴きたいと、リスナーもどんどん集まってくれます。

　クリエイティブに関わる仕事の大部分は地味で大変なので、今この瞬間にも壁に当たっている人がいるかもしれません。そんな人にこそ伝えられたら嬉しいです。

長年の夢だった「番組のアーカイブ化」

かつてラジオ番組は、その場限りで聴き逃したら終わりという時代が長く続きました。

2016年にスタートしたラジコのタイムフリー機能も1週間が経つと聴けなくなってしまいます。「いつでも過去のオールナイトニッポンが聴き直せればいいのに」というのは、我々にとっても長年の夢でした。

そんな中、2022年5月、そして6月とオールナイトニッポンの「アーカイブ化」は新たな取り組みを始めます。

1つは、Spotifyとの提携による、オールナイトニッポンのポッドキャストへの参入です。

地上波で放送した内容をそのまま編集して、ポッドキャストで放送するという取り組みを始めました。オールナイトニッポンは、星野源さん、ナインティナイン、霜降り明星、あのさん、佐久間宣行さん、マヂカルラブリーが参加しています（2024年11月現在）。

Spotifyと組んで新たな発見だったのは、ラジコで聴くのがハードルとなっている若者が新たにオールナイトニッポンを聴いてくれるようになったことです。特にナインティナインのオールナイトニッポンなどは、従来の30代・40代のリスナーに加えて、10代・20代のリスナーが大きく増えました。また霜降り明星のオールナイトニッポンは、5年前の初回の放送からすべてアーカイブになったので、それをさかのぼって何度も聴くというリスナーも多く、圧倒的な再生数を叩き出しています。

話題になっているマンガを1巻から読み直すように、ラジオも初回からさかのぼれる時代が来たのだと感じます。

また2022年6月からは、オールナイトニッポンのアーカイブサービス「オールナイトニッポンJAM」が立ち上がりました。こちらは月額有料サービスで、過去の音源を番組テーマソングのビタースウィート・サンバも入った状態で聴くことができます。

こちらは、現在放送中の中では、山田裕貴さん、乃木坂46、オードリー、キタニタツヤさん、高橋文哉さん、JO1、日向坂46松田好花さん、ヤーレンズの番組を配信しています。

また2001年以降のオールナイトニッポンでは、くりぃむしちゅーや菅田将暉さん、Creepy Nutsなど多くの番組が配信されています。

こちらはデジタル部署の優秀な後輩たちがアプリの開発や、ビタースウィート・サンバの使用権利許諾、各事務所との契約などをすべてやってくれたので、本当にすごいことだと思っています。

当初このオールナイトニッポンＪＡＭを使用する年齢層は、かつてオールナイトニッポンを聴いていた30代・40代を想定していたのですが、地上波のオールナイトニッポンと同様に20代が多く、いかに日々ラジオを楽しんでくれているのかがわかり嬉しく思っています。

またオールナイトニッポンＪＡＭの新たな取り組みとして、VTuberがパーソナリティを務めるオリジナル番組もスタートしました。さらに「オールナイトニッポンPODCAST」というブランド名でアンガールズや佐々木彩夏さん、佐藤栞里さんが番組をスタートさせるなど、地上波だけではない展開が進んでいます。

そうはいっても現在の課題は、10代リスナーの強化です。スマホでのYouTube視聴ほか動画が圧倒的なシェアになっている10代に音声コンテンツが入り込む隙間が果たしてあるのか自問自答する日々です。僕が中高生の頃に夢中になったような番組を、今の10代にも届けられたらいいなという思いをずっと温めながら、考え続けています。

タモリさんと星野源さんが語る「孤独」

記録しておきたいのは、2023年2月に放送した「オールナイトニッポン55周年記念　オールナイトニッポン55時間スペシャル」での出来事です。

2007年2月に入社した僕は、1年後の2008年2月にオールナイトニッポン40周年を記念した「俺たちのオールナイトニッポン40時間スペシャル」という40時間で20組の歴代オールナイトニッポンパーソナリティが登場する、夢のような番組に関わりました。ビートたけしさんから始まり、松任谷由実さん、松山千春さん、ゆず、福山雅治さん、ナインティナイン、笑福亭鶴光さん、タモリさん、吉田拓郎さん、所ジョージさん、ウッチャンナンチャン、aikoさんと、それは本当に日本のエンタメの縮図のようなラインナップで、ただただすごい体験でした。

それから5年後の2013年2月にも45時間特番が放送されました。

その5年後の50周年の時は、特別企画を50個やるというものが優先されたので、長時間特番は行われませんでした。

オールナイトニッポンのプロデューサーになった時に、ぼんやりと55周年で55時間特番をやりたいなと思っていました。

それはその時のオールナイトニッポンに関わるディレクターやＡＤが14名いて、45時間特番を体験したスタッフがわずか1名になっていたからです（そういった意味ではオールナイトニッポンのスタッフは世代交代が進んだと言えるのですが……）。

なので今の若手ディレクターたちにあの時の自分が感じたような長時間特番の衝撃を知ってほしいという思いがありました。また、１９６７年10月にスタートしたオールナイトニッポンの初代パーソナリティから２０２３年現在のパーソナリティが一堂に会するのは、このタイミングが一番だという確信もありました。

55時間特番は、僕が言うまでもなく、オールナイトニッポンの盛り上がりを受けて、ぜひやろうという声が社内で高まり、実際に２０２３年2月に放送することが決定しました。

準備期間は1年半ほどで、55時間で28組のパーソナリティのブッキングをすることになりました。

スタートは、２０２３年2月17日（金）の夜18時からぶっとおしの55時間で、２０２３年2月19日（日）の深夜25時でフィナーレ。ブッキングを進める中でトップバッターは、歴代最長の30年にわたって、オールナイトニッポンを担当される、ナインティナインの2人が決定。

大トリには、通算23年オールナイトニッポンを担当された福山雅治さんが7年ぶりに番組を担当することになりました。

この55時間特番には、本当に多くの番組スポンサーにご協力いただいたほか、有楽町マルイにて、歴代のオールナイトニッポン関連の展示を行った「オールナイトニッポンミュージアム」や、55周年記念で55問回答する「オールナイトニッポン検定」に5万5000人が参加したり、広報チームと組んで、番組スタートのタイミングで産経新聞の号外を都内の主要各駅で配ったり、フジテレビと組んで「オードリーのオールナイトニッポン」と「霜降り明星のオールナイトニッポン」をそれぞれテレビで生中継したりと、今までやってきた取り組みがすべて入ったような形になりました。

そうした中で印象的だった番組は、15年ぶりに実現した「タモリのオールナイトニッポン」です。ゲストは、現在火曜日のオールナイトニッポンを担当する星野源さんでした。タモリさんと星野源さんが、〝孤独〟について語り合ったのが印象的でした。


……**タモリ**　（在日米軍向けに放送されていたラジオ局・FENのジャズ番組を）それをずっと夜中

星野 1人で1番奥の部屋でいいなと思いながら、誰にも誰にも言うことはないんだよね。
タモリ そうですよね。
星野 「ジャズ、何それ？」みたいな。ああいうのも決して嫌じゃなかったね。すごくわかります。孤独なんですけど、孤独じゃないっていうか、なんかすごく何かとつながってる感じがなんかちょっとあって。
タモリ そう。友達とじゃなくても、なんか他のすごいものと自分がつながってる感じがするんだよね。発酵していくみたいな。
星野 すっごいわかります！　自分があの暗闇の中でぽっと自分が発酵（発光）してく感じ。めちゃくちゃわかります。（中略）ラジオを通じて感じた〝孤独〟が悪いものではなく、見えないつながりを感じたり、発酵（発光）していくという表現が、まさにずっとオールナイトニッポンが育んできたものと通じる感じがして、世代を超えてつながった感じがしました。
（2023年2月18日（土）放送「タモリのオールナイトニッポン」より）

2人が世代や時代を超えて、音楽や頭の中で考えていることを交わしている時間は本当に貴重な時間でした。

その上で、オールナイトニッポンがずっと続いてきたのは、先人のディレクター、放送作家、ミキサー、そしてパーソナリティがずっと番組を守ってきてくれたからだと痛感したのです。

１９６０年代に誕生した深夜放送と言えば、ニッポン放送の「オールナイトニッポン」、ＴＢＳラジオの「パック・イン・ミュージック」、そして文化放送の「セイ！ヤング」でした。

パック・イン・ミュージックは１９８２年に、セイ・ヤングは１９９４年に終わってしまったので、オールナイトニッポンにも何度も終わりかけたタイミングはあったと思います。

そうした中でその時々のプロデューサーやディレクター、放送作家の皆さんが必死にいろいろと考えて、番組を維持してきたのだと思います。

心から感謝したいと思います。

プロデューサーは大切な番組を続けるためにいる

ラジオ番組のプロデューサーは、番組スタッフと番組の中身や方向性を話し合ったり、パーソナリティ・マネージャーさんとコミュニケーションを取ったり、営業外勤と一緒に番組をセールスしたり、イベント部署のプロデューサーと一緒に番組イベントを企画したり、デジタル部署の部員と一緒にデジタル施策を考えたり、広報チームと番組の宣伝となる露出やプロモーションを企画したり……とにかく番組が盛り上がる施策を次々と考えて、行動する仕事です。

最後に、オールナイトニッポンという番組をより面白く、より長く愛される番組に育てるためにプロデューサーがどのように動いたらいいのか、現役のプロデューサーである僕が大切にしてきたことをまとめます。

いきなり結論から言ってしまうと、プロデューサーの仕事とは「番組を続けるために、走り回る人」だと思っています。

究極的には、すべての番組が永遠に続いてほしい。そう願って、僕は毎日真剣に考え、動いています。永遠なんて現実にはあり得ないのですが、番組を好きになってくれたリスナー、パーソナリティ、スタッフ全員共通の幸せは「番組が続くこと」なので、僕はそのために働いています。

だからこそ、番組が終わるときは、すごく悔しく歯がゆい思いになります。

これは、あるオールナイトニッポンにまつわる話です。

トークは面白いし、聴取率の数字も上々。リスナーからのメールもたくさん来る。編成の立場では「ぜひ続けたい」のですが、さまざまな事情で泣く泣く番組終了の判断をしなければならなくなりました。

そして迎えた最終回の放送日、ショックな光景が広がっていました。深夜にもかかわらず、番組終了を惜しむリスナーが、ニッポン放送の裏口玄関に500人以上の規模で集結していたのです。僕はこの時に直接の担当ではなく、あふれる人を整理する役割でその場にいたのですが、「こんなに番組を愛してくれる人たちの思いに応えられなかったのか……」と、なんともいえない敗北感を抱きました。

なんで終わらせてしまったんだろう？

終わらせない方法はなかったんだろうか？

悶々と考えながら、僕なりに導き出した答えが「社内で2部署以上の味方をつくる」

でした。数字がいいだけでは、番組は続かない。数字だけに頼ると、数字が少しでも落ちれば「やめる理由」が成立してしまうからです。

一時的な数字の上がり下がりによらず、「今、この番組が終わったら困る」と主張してくれる人たちを、社内で複数作っておくことが重要なのだと学びました。

そして、生まれた作戦が「1つでも多くの番組をイベント化すること」（178ページを参照）であり、他社のプラットフォームへの配信などのデジタル戦略、そして営業セクションと組んで行うタイアップ企画などです。いわゆる単純なラジオCMだけでない収益をつくることは、イコール、番組制作に直接かかわる部署以外の〝社内関係者〟を増やすことになります。結果として、番組を「やめない理由」が増えることになるわけです。

では、番組が続くための必須条件は何かというと、大きく分けて3つあります。これは日ごろからディレクターたちに伝えていることでもありますが、「①話題性」「②収益」「③数字」の3つです。

当然、リスナーがしっかりついていて（③数字）、毎回の番組が盛り上がっている（①話題性）ということが大前提でありますが、いかに収益構造を広げられるか（②収益）の部分は、放送局側の総力で工夫のしようがあるのです。

そして、この「②収益」を伸ばす力量こそが、プロデューサーに問われる役割。社内の部署をまたいで、番組を支える人たち、仲間を増やすために日夜走り回っています。イベントは番組の盛り上がりの可視化にもつながり、さらなる話題や新たなリスナーを呼び込むきっかけに。スポンサー獲得にも効果あり、とポジティブな循環が生まれていきます。

①話題性・②収益・③数字という、「ビジネスとしてのラジオ番組」にとってのトライアングル（三角形）の面積がどんどん広がっていけば、番組は長く続いていきます。

では、3つの要素を一つひとつ詳しく説明していきましょう。

まず、「①話題性」とは、パーソナリティがオールナイトニッポンで話してもらうことの価値や反響の大きさ。本業との相乗効果、本業とのいい意味でのギャップなど、パーソナリティとしての魅力の部分です。放送中や放送直後に、Xのトレンドに番組がランキングに入ったり、番組で話した内容がWEBニュースになったりしているパーソナリティはやはり「ブランドが強い」と言えます。

パーソナリティの皆さんはラジオが本業ではなく、ほかに主軸となる本業があるので、そちらがどのようなフェーズにあるかも重要です。たとえば、本業の音楽活動や俳優業で支持があればあるほど、ラジオでのくだけたトークに〝ギャップ効果〟が生まれてリスナーも喜んでくれるわけです。まだ世間の人たちが認識していないパーソナリティが深夜のラジオで下ネタを披露しても「価値」を感じてくれる人は少ないと思います。

次に「②収益」は、収支をきちんと見極めることです。

番組に広告料を出していただけるスポンサーがついているか、あるいは、番組イベントなどでのチケット収入、グッズや書籍の販売利益が出るのか、ポッドキャストや映像配信からの収益が出るのか。

番組自体のスポンサー収入以外にも、いろんな収益源が広げられるのが今のラジオなので、「収益源をいかに開拓できるか」という知恵の絞りどころでもあります。

これまで、民放ラジオ局は、BtoBでスポンサーの皆さんから広告費という形で番組を支えてもらっていました。最近は、オールナイトニッポンに限らず、BtoCとしてリスナーが何かしらの形で番組を応援してもらうという形が増えてきました。といってもただお金をいただくだけでなく、いかに応援したくなるコンテンツを届けるかがますます重要になっていると感じています。

最後に「③数字」とは、番組自体の聴取の数字です。つまり、どれだけ聴かれているか。

2カ月に一度しか聴取率が取れなかっただけの時代は終わり、今やいつでもリアルタイムに数字が見える環境へと変わりました。

ラジコの同時接続数や放送後（タイムフリー）の再生数、さらにはSpotifyなどポッドキャストアプリでのランキングなど、いろいろな指標を見比べています。

ラジコの数字は毎週の会議でディレクター全員と共有して、前週と比べて上がったか下がったかの変化を共有します。同時に、3カ月前・半年前・1年前の中長期スパンでの数字の推移も見ながら、番組がリスナーに受け入れられているのかを冷静な目でチェックしています。

何よりも大事なのは、番組を続ける判断基準を明確に設けて、作り手の中で共有することだと思っています。「なんとなく」ではダメで指標をクリアにしておけば、対策を打つための議論が具体的に進みやすくなりますし、残念ながら打ち切りという判断をしなければならないときにも納得のいく話し合いができます。

パーソナリティや番組スタッフの協力が不可欠です。そういった意味で、今の番組ディレクターや放送作家の皆さんは、自分が駆け出しでディレクターをやっていた時に比べて、圧倒的に優秀です。より深い解像度で番組を理解しているからこそ、番組で出たちょっとした話題やワードを広げて、盛り上げることが非常にうまいです。

番組スポンサーになるきっかけも、イベントの企画になるきっかけも、番組のちょっとした話題や火種だったりするので、日々の放送を作っている番組スタッフにはとても敵わないです。

逆に、「ビジネスとしてのラジオ番組」にとってのトライアングルの拡大がどうしてもうまくいかない場合には、やむなく番組を終える決断をしなければなりません。とてもつらいですが、仕方がありません。その場合も、突然打ち切りということは絶対にしないように、パーソナリティ側にも何が課題なのかを早めに伝えています。

「番組終了」という事実はパーソナリティのキャリアに影響します。その決断の重みを自覚しているからこそ、その決断は曖昧にしたくないと思っています。

「①話題性」「②収益」「③数字」の3つのすべてが揃っている番組はやはり強いです。具体例を挙げるなら、2024年11月に番組10周年を記念した日本武道館で番組イベントを成功させた三四郎のオールナイトニッポンシリーズです。2015年4月に火曜日の「オールナイトニッポン0（ZERO）」でスタートした番組ですが、金曜日のANN0、金曜日のANN、そして現在の金曜日ANN0と時間帯を変えながらも熱いリスナーから支えられています。三四郎は、今のオールナイトニッポンを象徴するパーソナリティです。

オールナイトニッポンが何か初めての取り組みを行う際は、まず三四郎のおふたりと一緒に取り組ませていただくことが多いです。CM枠とタイアップ企画を組み合わせた「コラボレートニッポン0」という広告企画の展開や、「バチボコプレミアムリスナー」というオールナイトニッポン初となるファンクラブの開設、コロナ禍での生配信舞台ドラマ「あの夜を覚えてる」への出演など、ラジオの枠を超えた、たくさんの取り組みをさせていただきました。オールナイトニッポンのパーソナリティの中でも、最も関わる社内関係者が多いのが三四郎だと思います。

日本武道館での番組イベントは、数あるオールナイトニッポンのイベントの中でも、特に深くてコアな内容でしたが、集まった9000人のリスナーのみなさんには、きっと喜んでいただけたと思いました。僕もイベントを見ながら、三四郎の2人とリスナーが「一緒に耕してきた10年」を感じることができました。

もうひとつ、長く愛される番組のパーソナリティの姿勢から学んだことが「修正力」の大切さです。

クリエイティビティを発揮するには、ゼロからイチを生み出す「発想力」がものをいうのかと思っていましたが、実はそれだけではない。発想力と同じくらい、あるいはそれ以上に大事なのが「修正力」なのだと思います。

ナインティナインしかり、オードリーしかり、長期にわたってリスナーから支持されるパーソナリティは、常に試行錯誤を繰り返し、少しずつ自己改革、アップデートを重ねています。

ご自身のキャリアステージの変化や世間から見られている印象の変化に敏感に対応しながら、トークの内容やリスナーとの距離感を微妙に調整していて、気づけば十数年かけてダイナミックに変化を遂げている。まさに「進化するものだけが生き残る」という言葉を体現するかのようです。

修正力がなければ、番組はマンネリ化してリスナーに飽きられ、数字も落ちていってしまいますが、修正力のあるパーソナリティの番組は毎週少しずつリスナーの支持を伸ばしていきます。

たとえばラジコの再生数が「前週比103%」を1年間、仮に50回続けたとしたら、1年でおよそ4・4倍も伸びたことになります。ものすごい複利効果です。

そして、この修正力の重要性は、すべての職業に共通しているのではないでしょうか。

ゼロから何かを生み出せなくても、目の前で起きたことが少しでもよくなるよう工夫をする。知恵を絞って、手を動かしてみる。そんな行動の積み重ねで、仕事の価値は何倍にも膨らむはずです。

エピローグ

これからラジオはどうするのか

——ラジオのコンテンツ戦略

ラジオのイベントに16万人が集まった理由

2024年2月18日（日）東京ドームにて開催された「オードリーのオールナイトニッポン in 東京ドーム」は、プロローグで書いたように会場、ライブビューイング、生配信を合わせて16万人を動員し、翌日にはテレビ番組やスポーツ新聞、WEBニュースなどで大々的に報道されました。

ラジオの番組イベントで、16万人も集めたのは本当にすごいことですが、それ以上にすごいのは、オードリーの2人が2009年10月から毎週土曜日、有楽町からオードリーのオールナイトニッポンを放送し、さらにそれを聴き続けるリスナーたちがいるということだと思っています。

番組イベントとしては3時間30分の出来事ですが、オードリーの2人と番組のスタッフ、スポンサー、そしてリスナーにとって、東京ドームは共同作業の連続でした。

まず発表は、開催の11カ月前、2023年3月18日（土）、オードリーのオールナイトニッポンにて、サプライズで発表されました。東京ドームの放送席にスタンバイしている若林さんの元に、アイマスクでわからないようにされた春日さんが登場し、「2024年2月18日（日）東京ドームイベント開催決定」と生放送中に発表。春日さんも番組リスナーも同時に知ることになったのです。

東京ドームでイベントを開催するなら、記者会見をしたり、事前に大きなパブリシティになるように新聞記事や駅貼りポスターを仕込んだりするなど、さまざまなPR方法がありますが、ラジオ番組のイベントは、リスナーが来ないと意味がないので、番組での発表が一番初めでよいのです。

番組イベントの目的は、普段から番組を楽しみに聴いてくれている人が楽しんでもらうこと。興味がない人にPRしても意味がないので、この発表方法はすごくいいことだと思いました。

実際に、春日さんも番組リスナーも大いに喜んでくださり、沸きに沸きました。

その一方で今回のイベントの企画立案の中心人物である若林さんは、そうは言っても東京ドーム５万人を動員するのはかなり大変なことだと痛感していらっしゃいました。そうした中で、番組をかつては聴いていたけど最近聴いていないリスナーを掘り起こそうということになり、この東京ドームイベントのＰＲ方法をリスナーからいろいろ募集をかけ始めました。

真っ先にスタートしたのは、「東京ドーム行きますステッカー」を５万枚配れば、その人たちがパソコンや車に貼って自然な形でＰＲしてくれるのでは？　という宣伝企画です。ラスタカラーでデザインされた東京ドームイベントのロゴも入ったステッカーの配布は、２０２３年4月の月曜日、朝8時からニッポン放送の玄関でスタートすることになったのです。

そんな当日、僕は朝6時30分に守衛さんからの電話で起きました。

「オードリーのオールナイトニッポンのリスナーがステッカーをもらいに始発から集まっていて、数百人が並んでいます」とのことでした。

ニッポン放送の玄関のチラシを置くラックに、ステッカー１００枚ほど置いておけば大丈夫だろう。僕の見込みもイベントスタッフの見込みもまったく甘かったのです。

すぐに会社に向かい、朝8時を待たずに前倒ししてのステッカー配布がスタート。用意していた2000枚のステッカーは1時間ほどでなくなってしまいました。

その後も有楽町ニッポン放送には、ステッカーを求める人が殺到してしまい、ニッポン放送の受付業務がこのままではできなくなってしまうということで、東京ドームさんのご厚意でステッカー配布場所を東京ドームのインフォメーションセンターにすることに。

本当にありがたいことに、リスナーが番組のためにPRを応援したいという気持ちが溢れていたのです。1万枚以上用意された宣伝ステッカーも数日で配布終了となったのです。東京ドームにて配布を行ったことにより、宣伝ステッカーを手に持ち、東京ドームをバックに「東京ドーム行きます！」とSNSにポストしてくれる投稿が続出しました。

これ以降も、梨農園のリスナーの方からのご厚意により、JR武蔵野線市川大野駅の駅前に設置されたイベントPRの看板を多くのリスナーが見に行って、

ＳＮＳに写真をあげてくれたり、「オードリーのオールナイトマック」というマクドナルドと番組が組んだ形のＰＲ施策を番組リスナーである広告会社の人が企画してくれたりと、本当にいろんな形で応援をしていただきました。

こうした一連の出来事を見て、あらためてラジオは一方通行のメディアではなく、リスナーと対等な関係にあって、一緒に作っていくメディアなんだなと痛感しました。パーソナリティとリスナーが一緒に番組を作っていくので、一緒に何かやろうとした時に大きな力になるのだと感じています。

「オードリーのオールナイトニッポン ｉｎ 東京ドーム」は、1日だけで成立したイベントではない。3章に登場した全国ツアーや日本武道館でのイベントもありました。オードリーの2人とリスナーとスポンサーと番組スタッフと、それぞれが15年という長い歳月をかけて毎週、一歩ずつ歩んできた道のりなのです。

ラジオは、「耕す（カルティベイト）」

ラジオの独特な文化、空気感、みんなが一体になることは、どういったことなのか。感覚的にはわかっていても「言語化がしにくいな」とずっと感じていました。

ある日、たまたま見たWEBインタビュー記事でTBSアナウンサーの安住紳一郎さんが「今の目標は？」と聞かれて、「あとは、走っている者の責任として、斜陽になってしまっているテレビやラジオをまた新しくカルチベートしていくことですね」とおっしゃっていました。

この「カルチベート（カルティベイト）」という言葉を僕は知らなかったのですが、安住紳一郎さんのラジオ番組（TBSラジオ「安住紳一郎の日曜天国」）を毎週聴いていることもあり、妙に印象に残っていました。

あらためて「カルティベイト（cultivate）」という言葉の意味を調べると、「（共に）土地を耕す、土地を育てる」と書いてありました。「これだ！」と思いました。まさに、ラジオの仕事は「耕す（カルティベイト）」の連続です。

この20年、パーソナリティ、リスナー、スポンサー、番組スタッフが一緒になって、ラジオという土地を耕しました。それが畑となり、みんなでまいた種に水をやり、日が当たり、やがて芽を出て花や実をつける。収穫の時期を迎え、それが終わると、再び種をまく。この繰り返しがラジオの仕事です。

感覚的なものなので上手く言葉でまとめるのが難しいのですが、次の3つのポイントがあると思います。

素の良さを生かす

植物の種、土、水、太陽――農業において大切なのは自然の力。種から芽が出て、やがて花や実をつけます。「自然＝素＝そのまま」の良さを信じて生かすことが大切です。

現代社会は、インスタにあげる写真や動画、ＳＮＳで投稿する文章など、盛る・加工するが当たり前。本来の自分ではなく、いかによく見せるか加工できるかを競っている時代です。その一方で、最近、「BeReal（ビーリアル）」という近しい仲間にだけ無加工の写真を載せて見せるのが流行っています。

ラジオは、まさに自分の素やありのままを見せるという部分において、ほかにない良さがあります。

世の中は加工品が溢れていて、加工品ばっかり見ています。具体的にアーティストなら作品やライブを、俳優さんならドラマや映画を、芸人さんならバラエティや漫才・コントを見ています。ショート動画や要約コンテンツに加工されるものもあり、さらには生成AIの登場で何が本物で何がフェイクなのかも見分けがつきにくくなってきました。それがラジオだと素の姿を知ることができます。

佐久間宣行さんなら、テレビ、YouTube、ネット配信とあらゆるコンテンツをアウトプットしていますが、ラジオで語っているのは、家族の話です。娘さんとのやりとりや、お弁当を作っている話、ちょっとした失敗談など。そこに価値があると思います。

関係性を耕す

土は耕すもの。ラジオが「何を耕しているのか？」といえば、人と人との関係性なのだと思います。

現代社会で、人と人との関係性は、利害関係や損得勘定で動くことが多いもの。

そうした中でパーソナリティとリスナーの関係性はとても特殊なものです。お互いの顔がわからないし、素性も知らない間柄なのに、なぜかいつも一緒にいるような親近感がある。

番組スタッフのことも他のリスナーのことも深くは知らないけど、日々の番組を共同作業として一緒に作っていっているような感覚があり、遠くの親戚よりもよっぽど身近に感じる。

そして、共同作業をしているからこそ共通の認識を持っている不思議な間柄です。なかなかここに該当するものが今の現代社会にない気がします。

「狭く深い」からこそ、お互いにしか理解できない面白さや楽しさがある。見ず知らずの他人が「夜ごはんにラーメンを食べました」と写真をＳＮＳに投稿してもつまらないものですが、家族や友人が投稿すれば「こんなの食べているんだ」と、まったく面白みが異なるものです。

ラジオが持つ「仲間」のような感覚は、アイドルやアニメ・ゲームのファンダムとはまったく異なっていて、推しとファンはクリエイターや作品へのリスペクトもあるので上下関係になりやすいような気がしますが、パーソナリティとリスナーは不思議なことに対等な関係です。ただの熱狂ではなく、「静かな熱狂」になるのも、こうした関係性の違いなのだと思います。

じっくりと待つ

種から芽が出て、やがて花や実をつけるまでには、とても時間がかかるもの。すぐに成功や成果という果実を求めても、手に入れることはできません。

タイパやコスパを考えて、2倍速や3倍速でコンテンツを見たり、映画も時短で見たり、短く早くコンテンツを消費したい時代です。その一方でラジオは、1日・2日ではなく、1年・2年後を見据えた長期的な志向を持っています。

ニッポン放送で1989年4月からお昼のラジオ番組「高田文夫のラジオビバリー昼ズ」で35年以上にわたってパーソナリティを務める放送作家の高田文夫さんが「ラジオの1クールは10年」と言う金言を残されているぐらい、ラジオは中長期的なコンテンツです。ラジオは10年・20年続く大切さを大事にしています。

現代社会は、短期でより多くの成功を収めたほうが評価されます。でも、短期での数字を上げるためだけに最適化されればされるほど、ありふれたコンテンツの加工品が増え、わかりやすい面白さや楽しさに飽きがくるのではないでしょうか。

会社も同じです。「企業価値を上げるため」と物言う株主、アクティビストが短期の株主還元を強く求める時代ですが、中長期にわたる継続には、すぐには結果がでないような有形無形の投資が必要です。日本には、創業から１００年以上事業を継続している「１００年企業」が世界一あると聞きます。オールナイトニッポンは、まだ58年目です。

中長期の時間軸で、みんなで耕して、みんなで花や実をつけるまでじっくりと待つ。ありふれた「定番」だけど、そこは「修正力」。アップデートを重ねることで、新たな面白さや楽しさを見つけることができる。

ラジオのすばらしさは、こうした時間軸の違いにあるのではないかと思います。もしかしたら、昔こそ「耕す（カルティベイト）」が当たり前だったのかもしれません。長い歳月を経て、デジタル化であらゆる消費サイクルが早くなった今だからこそ、一周回って逆にオールナイトニッポンのように55年以上続くような「耕す（カルティベイト）」を続けてきたものに注目が集まっているのだと思います。

時代遅れだったラジオが、現代では少しだけ進歩的な概念に変わったことをひそかに喜びながら、これからも僕はゆっくりと変わり続ける大好きな「ラジオ」と向き合っていきたいと思います。

おわりに

この本を書きながら、自分の「原点」となった忘れられない光景を思い出しました。

今から10年前の２０１４年、僕は上柳昌彦アナウンサーがメインパーソナリティを務めるお昼のワイド番組「上柳昌彦ごごばん！」の担当でした。ニッポン放送の顔として40年以上マイクの前で放送を届けているレジェンドパーソナリティです。

当時の僕は「上柳昌彦ごごばん！」のチーフディレクターとして、パーソナリティの上柳さんと一緒に「あーでもない、こーでもない」と試行錯誤を繰り返しました。さまざまなトライをしても聴取率がなかなか上がらず、暗中模索の日々を過ごしていました。

そんな悶々とした日々を過ごす中、ある日、先輩ディレクターである角銅秀人

おわりに

さんから自分と上柳さんを連れていきたい居酒屋があると言われて、一緒に行くことになりました。JR新橋駅の西口から線路沿いを南に歩いて5分ちょっとで到着したのが、「美味ぇ津（うめづ）」さんという、13席ほどのいわゆるコの字カウンターの居酒屋さんでした。

お店に入ったところ、上柳さんの顔を見た瞬間に女将さんの目に涙が溢れていたのです。感極まっている女将さんにびっくりしたわけですがお話を伺うと、1人でお店を切り盛りして、孤独な準備をしている中で上柳さんに元気をもらっていたとのこと。

毎日、15時の時報が鳴ると上柳さんは、「職人の皆さん、一服の時間ですよ〜」と働いている人たちに対して、一休み、休憩しませんか？　と呼びかけていました。その声に励まされて、日々の仕事を頑張ってきたというお話を伺いました。「番組を聴いている人がいないのでは？」と思ってしまうぐらい、苦しい状況にあった当時の上柳さんと僕は、目の前にいる人が「こんなに自分たちのラジオ番組を大切に思ってくれているのか」と知り、深く感動したのでした。その忘れられない体験が、今の僕を支えています。

そんな自分と上柳さんを「美味ぇ津（うめづ）」に連れていった先輩ディレク

ターの角銅秀人さんですが、その年の年末に倒れられて、43歳の若さで亡くなられました。自分のＡＤ時代に「東貴博のヤンピース」でラップを披露した時に説教をしてくれたのは角銅さんでしたし、生放送が終わった後に毎晩コリドー街で飲みながらラジオの話をしてくれたのは角銅さんでした。

この10年は心のどこかで「角銅さんなら、今の自分にどんな言葉をかけてくれるだろうか」と思い出すことが少なからずありました。それぐらい角銅さんにかけてもらった言葉は今でも自分の中で残っています。改めて角銅さんに感謝したいと思います。

そして、上柳昌彦アナ。入社して初めての研修で張りついたワイド番組でパーソナリティだった上柳さん。初めてチーフディレクターになり、ワイド番組の仕切り方がわからずにいろんな人たちに迷惑をかける中、一生懸命に向き合ってくれたのも上柳さんでした。

２０１８年にプロデューサーになってから連日、深夜27時30分まで生放送をしている「オールナイトニッポン０（ＺＥＲＯ）」に立ち会いましたが、朝の番組「上柳昌彦　あさぼらけ」へとバトンをつなぎ、一番顔を合わせたのも上柳さん。毎年、東日本大震災を通じて知り合った東北地方に会いに一緒に行くのも上柳さん。ラ

おわりに

ジオについて、本当にたくさんのことを教えてくれたことに、あらためて感謝します。

振り返ってみると、「楽しかった時間」よりも「苦しかった時間」の方が圧倒的に多かったのですが、その時間が少しずつ重なって、今、自分の中でラジオを作る原動力となっています。やはりラジオは「耕すもの」だなと改めて感じています。

今回、本を書く機会をいただき、中学生の頃から高校生にかけて毎晩、寝る間を惜しんでラジオに耳を傾けて聴いたニッポン放送に入社したこと、今ラジオ番組を作る仕事ができていることのありがたさを実感しました。

本当に恵まれていると思います。今の会社で本当に多くの人たちに支えられて、仕事をやりやすい環境で、風通しの良い空気の中で仕事をさせてもらっていることに、感謝の気持ちでいっぱいです。ニッポン放送の社員の皆さんには心から御礼を伝えたいと思います。

また、今まで仕事を通じてお世話になってきた番組スタッフの皆さん、パーソナリティの皆さん、そして事務所関係者の皆さん、すべての方々のお名前を記すことはできませんが、改めて心より感謝申し上げます。

本書を出版するにあたり、執筆にご協力いただいた宮本恵理子さん、さまざまなアドバイスをいただいた友人の久保田大海さん、そして帯にメッセージを寄せていただいた佐久間宣行さん、本当にありがとうございました。この場を借りて御礼申し上げます。

3年半前に出版のオファーをいただいてから、なかなか筆が進まずに何度も出版を諦めそうになる中で、辛抱強く待って下さった編集担当の小山文月さんには、心からの御礼を伝えたいです。ありがとうございました。

最後に家族にお詫びしたいと思います。不規則な生活リズムで仕事をする中で特に妻には大変な負担をかけてしまっています。家庭生活、子育て、家事など負荷が大きくなってしまい、本当に申し訳ないと思っています。自分が仕事に打ち込める状況は、妻の苦労をいとわない献身があってこそ成立しています。改めて心からの感謝をしたいと思います。いつも本当にありがとうございます。

2025年3月22日に、日本のラジオは誕生から100年を迎えます。自分自身が働き始めたときは、放送開始80周年でした。この20年は、本当にドラマチックな20年だったと思います。

ここから20年、AMラジオの形は変わっても必ず残るメディアだと信じています。この令和のラジオ全盛期が少しでも長続きするよう、これからも微力ながらラジオのために一生懸命、仕事に取り組みたいと思います。

またラジオでお会いしましょう。

[著者略歴]

冨山雄一（とみやま・ゆういち）

ニッポン放送「オールナイトニッポン」統括プロデューサー
1982年1月28日生まれ、東京都墨田区出身。法政大学卒業後、2004年NHKに入局、2007年ニッポン放送へ。オールナイトニッポンでは岡野昭仁、小栗旬、AKB48、山下健二郎などでディレクターを担当。イベント部門を経て、2018年4月から「オールナイトニッポン」のプロデューサーを務めている。現在は、コンテンツプロデュースルームのルーム長としてニッポン放送の番組制作を統括している。

今《いま》、ラジオ全盛期《ぜんせいき》。

2025年2月1日　初版発行
2025年2月20日　第2刷発行

著　者　冨山雄一

発行者　小早川幸一郎

発　行　株式会社クロスメディア・パブリッシング
〒151-0051 東京都渋谷区千駄ヶ谷4-20-3 東栄神宮外苑ビル
https://www.cm-publishing.co.jp
◎本の内容に関するお問い合わせ先：TEL（03）5413-3140／FAX（03）5413-3141

発　売　株式会社インプレス
〒101-0051 東京都千代田区神田神保町一丁目105番地
◎乱丁本・落丁本などのお問い合わせ先：FAX（03）6837-5023
service@impress.co.jp
※古書店で購入されたものについてはお取り替えできません

印刷・製本　中央精版印刷株式会社

ISBN978-4-295-41059-1　C2034

最もあなたらしいことが最もグローバルになる
境界のない時代の新しいコンテンツ戦略

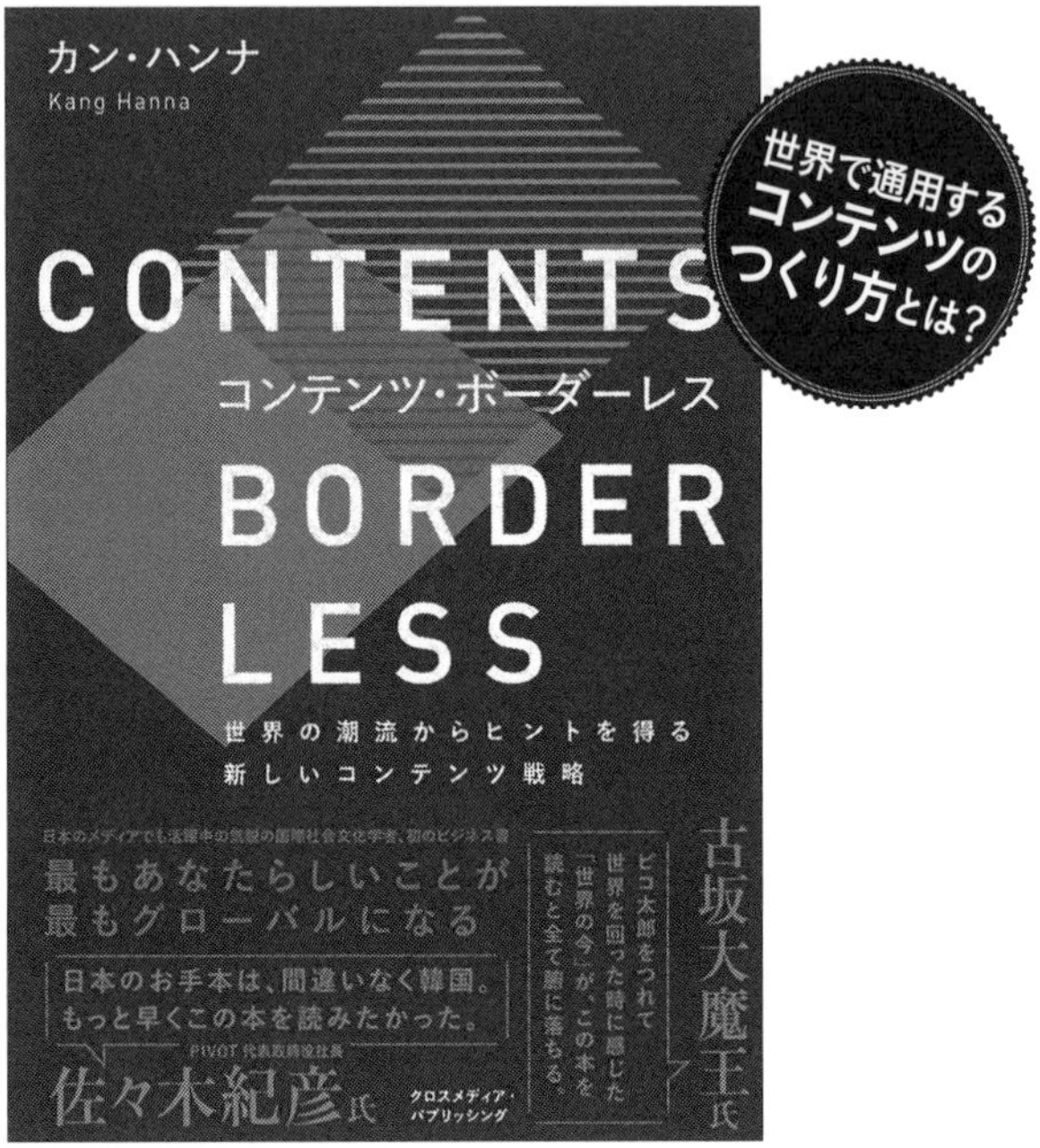

「コンテンツ・ボーダーレス」

カン・ハンナ（著）／定価：1,848円（税込）／クロスメディア・パブリッシング

インターネットによって、あらゆるボーダーはなくなった。国境も、言語も、クリエイターと消費者という枠組みさえも。デジタルプラットフォームを駆使することで、誰もが世界中にコンテンツを届けることができるようになったのだ。その時代の変化をうまく捉えて、世界的なヒットを次々と生んでいるのが韓国。本書では、BTS、「愛の不時着」「イカゲーム」など、いま勢いに乗る韓国コンテンツの事例を中心に、世界へコンテンツを届ける方法について考える。
